Walter Strampp
Victor Ganzha

Differentialgleichungen mit Mathematica

mit zahlreichen Abbildungen und Beispielen

CIP-Codierung angefordert

Der Verlag Vieweg ist ein Unternehmen der Bertelsmann Fachinformation GmbH.

Gedruckt auf saurefreiem Papier

ISBN 978-3-528-06618-5 ISBN 978-3-322-90884-1 (eBook)
DOI 10.1007/978-3-322-90884-1

Vorwort

Das vorliegende Buch ist aus einfuhrenden Vorlesungen der Autoren über Differentialgleichungen und Übungen mit *Mathematica* und anderen Computeralgebrasystemen entstanden. Es wendet sich an Studenten der Mathematik, Natur-und Ingenieurwissenschaften sowie an Praktiker, die sich mit dem Einsatz des modernen Hilfsmittels der Computeralgebra vertraut machen wollen.

Es sind die üblichen Voraussetzungen aus der reellen Analysis und der linearen Algebra mitzubringen und gewisse Grundkenntnisse im Umgang mit *Mathematica*, die man sich aber auch während des Übens mit Differentialgleichungen aneignen könnte. Die am häufigsten benützten *Mathematica*-Befehle werden im Text erläutert, es ist dies jedoch nicht in erschöpfender Weise möglich.

Die Computeralgebra ist in weiten Teilen der Mathematik zu einem unentbehrlichen Hilfsmittel geworden. Die gebräuchlichsten Computeralgebrasysteme sind MACSYMA, REDUCE, DERIVE, AXIOM, MAPLE, MATHEMATICA, MUPAD. In diesem Buch wird aus Gründen einer gewissen Einheitlichkeit und Übersichtlichkeit ausschließlich *Mathematica* verwendet, und zwar liegt allen Programmen und Beispielen die Version *Mathematica* 2.2 zugrunde.

Auf dem Gebiet der Differentialgleichungen sind diese Systeme dabei, die klassischen Hilfsmittel Formelsammlung und Nachschlagewerke zu verdrängen. Gleichzeitig werden umfangreiche symbolische Rechenarbeiten auf den Computer ausgelagert. Es erscheint deshalb an der Zeit, die Behandlung von Differentialgleichungen mit Computeralgebrasystemen in eine einfuhrende Darstellung des Gebiets zu integrieren.

Symbolische Lösungsalgorithmen fur gewöhnliche und partielle Differentialgleichungen werden erarbeitet und in *Mathematica*-Programme umgesetzt. Die von *Mathematica* bereitgestellten Lösungsmöglichkeiten mit `DSolve` für gewöhnliche und `Calculus'PDSolve1'` für partielle Differentialgleichungen erster Ordnung werden erörtert und in den theoretischen Zusammenhang gestellt.

Die Autoren danken ihren Kollegen PD Dr. C. Grillenberger und Dr. R. Schaper für die Durchsicht des Manuskripts. Unser besonderer Dank gilt Prof. Dr. W. Blum für viele wertvolle Hinweise und Diskussionen und Herrn W. Schwarz vom Vieweg-Verlag fur die gute Zusammenarbeit.

Kassel, Oktober 1994

Inhaltsverzeichnis

1 Einführung

Differentialgleichungen treten als Modelle in zahlreichen Anwendungssituationen auf. Unter einer gewöhnlichen Differentialgleichung versteht man eine Beziehung zwischen einer unabhängigen Variablen x, einer gesuchten Funktion $y(x)$ und den Ableitungen dieser Funktion bis zu einer gewissen hochsten Ordnung n

$$G(x, y(x), y'(x), y''(x), \dots, y^{(n)}(x)) = 0 .$$

Wenn die Gleichung eindeutig nach $y^{(n)}(x)$ aufgelöst werden kann, so geben wir sie in expliziter Form

$$y^{(n)}(x) = g(x, y(x), y'(x), y''(x), \dots, y^{(n-1)}(x))$$

an.

Wir teilen die Differentialgleichungen entsprechend der höchsten Ordnung der auftretenden Ableitungen ein und sprechen von einer Differentialgleichungen der Ordnung n, wenn diese Ordnung gleich n ist. Ist die Funktion G linear in den Variablen $y, y', y'', \dots,$ $y^{(n)}$, so sprechen wir von einer linearen Differentialgleichung.

Mit einigen Beispielen wollen wir dem Begriff Differentialgleichung Inhalt verleihen: Die geradlinige Bewegung eines Massenpunktes kann bei vorgegebener Geschwindigkeit $v(x)$ durch eine einfache lineare Differentialgleichung erster Ordnung

$$y'(x) = v(x)$$

beschrieben werden. In diesem Fall bedeutet Lösen der Differentialgleichung offenbar: Finden einer Stammfunktion für die Momentangeschwindigkeit $v(x)$

$$y(x) = y_0 + \int_{x_0}^{x} v(\xi)\, \mathrm{d}\xi .$$

Die Stammfunktion liefert den zurückgelegten Weg in Abhängigkeit von der Zeit. Sie beinhaltet eine frei wählbare Konstante y_0, den Weg zur Zeit $x = x_0$.

Wir betrachten noch zwei weitere lineare Differentialgleichungen erster Ordnung: Einen Gleichstromkreis mit angelegter Spannung U, Widerstand R und Induktivität L:

$$Ly'(x) + Ry(x) = U .$$

Losungen sind:

$$y(x) = \frac{U}{R} + \left(y_0 - \frac{U}{R}\right) e^{-\frac{R}{L}x}$$

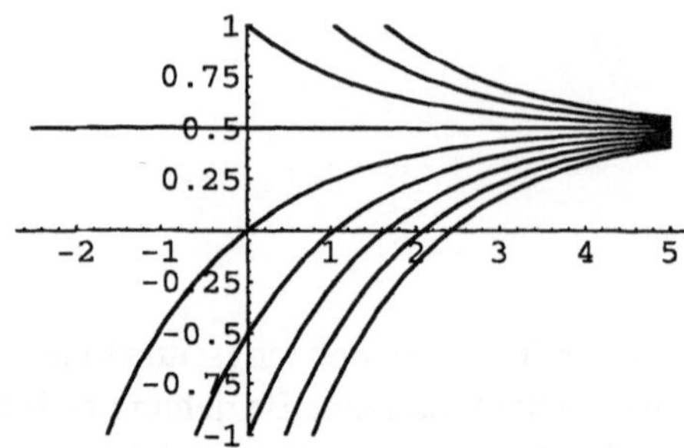

Bild 1.1
Losungen von $Ly'(x) + Ry(x) = U$ mit der Losung $y(x) = U/R$ als Asymptote

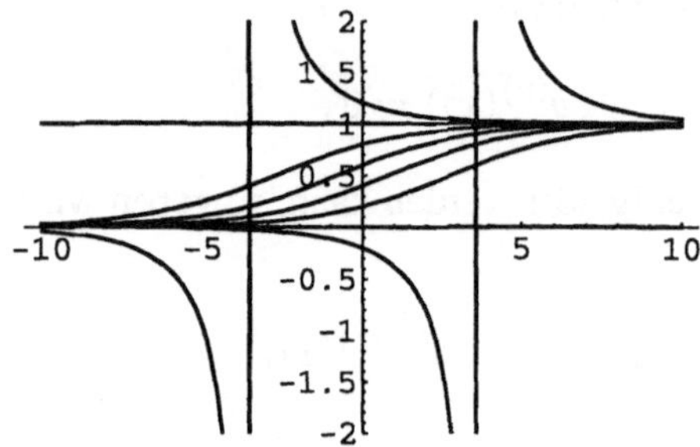

Bild 1.2
Losungen von $y'(x) = ay(x) - by(x)^2$ mit den Losungen $y(x) = a/b$ und $y(x) = 0$ als Asymptoten

mit einer beliebigen, den Anfangszustand kennzeichnenden Konstanten y_0. Alle Lösungen streben für $x \to \infty$ gegen die Konstante U/R.

Einen Wachstumsprozeß mit dem Wachstumskoeffizienten a:

$$y'(x) = ay(x)\,.$$

Lösungen sind:

$$y(x) = y_0 e^{ax}\,.$$

Um das Wachstumsverhalten einer Population besser zu beschreiben, geht man häufig zu einem nichtlinearen Modell

$$y'(x) = ay(x) - by(x)^2$$

über, das folgende Lösungen besitzt

$$y(x) = \frac{ay_0}{by_0 + (a - by_0)e^{-ax}}\,.$$

In den Lösungen nichtlinearer Gleichungen können also Singularitäten auftreten, obwohl die rechte Seite g keine Singularitäten aufweist. Als weiteres Beispiel betrachten wir:

$$y'(x) = 1 + y(x)^2$$

mit den Lösungen

$$y(x) = \tan(x + c)\,.$$

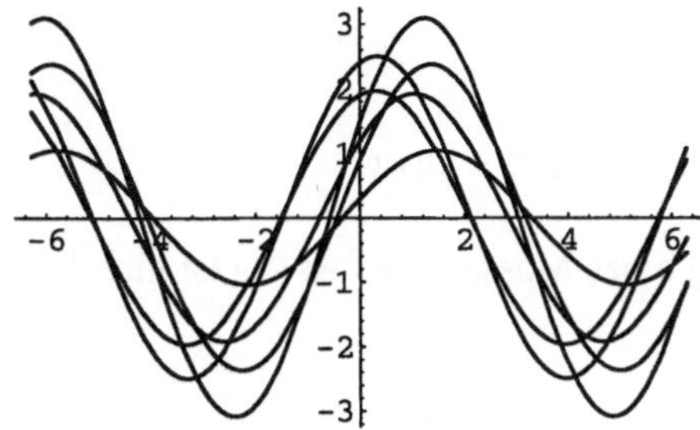

Bild 1.3
Losungen von $y''(x) = -(g/l)\,y(x)$

Ist die Momentanbeschleunigung $b(x)$ gegeben, so beschreiben wir die geradlinige Bewegung eines Massenpunktes durch eine einfache lineare Differentialgleichung zweiter Ordnung

$$y''(x) = b(x)\,.$$

Um die Differentialgleichung zu lösen, müssen wir zuerst die Momentangeschwindigkeit $v(x)$

$$v(x) = y'(x) = y_0' + \int_{x_0}^{x} b(\xi)\,\mathrm{d}\xi$$

bestimmen und dann den Weg $y(x)$ in Abhängigkeit von der Zeit

$$y(x) = y_0 + \int_{x_0}^{x} v(\xi)\,\mathrm{d}\xi\,.$$

Die Lösung beinhaltet hier zwei frei wählbare Konstante.
Das (mathematische) Pendel wird durch eine nichtlineare Gleichung zweiter Ordnung beschrieben:

$$y''(x) = -\frac{g}{l}\sin(y(x))\,.$$

Das linearisierte Modell

$$y''(x) = -\frac{g}{l}y(x)$$

besitzt folgende Lösungen:

$$y(x) = c\cos\left(\sqrt{\frac{g}{l}}x\right) + d\sin\left(\sqrt{\frac{g}{l}}x\right)$$

mit beliebigen Konstanten c und d, so daß die Lösungen einen Vektorraum (der Dimension zwei) darstellen.

Wenn anstelle einer Gleichung m Gleichungen

$$G_1 = 0\,, G_2 = 0\,, \ldots\,, G_m = 0$$

vorliegen und darin m gesuchte Funktionen $y_1\,, y_2\,, \ldots\,, y_m$ nebst ihren Ableitungen bis zur n-ten Ordnung auftreten, so haben wir ein System von Differentialgleichungen n-ter Ordnung.
Einige Beispiele:
Zwei gekoppelte Pendel (lineares System 2. Ordnung)

$$y_1''(x) = -\sqrt{\frac{g}{l}}y_1(x) - k(y_1(x) - y_2(x)),$$
$$y_2''(x) = -\sqrt{\frac{g}{l}}y_2(x) - k(y_2(x) - y_1(x)).$$

Die Hamilton-Gleichungen für die Bewegung eines Massenpunktes (meist nichtlineares System erster Ordnung)

$$y_1'(x) = \frac{\partial H}{\partial y_2}\bigg|_{(y_1(x),y_2(x))}, \quad y_2'(x) = -\frac{\partial H}{\partial y_1}\bigg|_{(y_1(x),y_2(x))}.$$

Die Eulergleichungen fur den kräftefreien Kreisel (nichtlineares System erster Ordnung)

$$y_1'(x) = a_1 y_2(x) y_3(x),$$
$$y_2'(x) = a_2 y_3(x) y_1(x),$$
$$y_3'(x) = a_3 y_1(x) y_2(x).$$

In vielen Anwendungssituationen hangt die gesuchte Funktion von mehreren Variablen ab. Im Gegensatz zur gewöhnlichen Differentialgleichung sprechen wir dann von einer partiellen Differentialgleichung

$$G\left(x, y, u(x,y), \frac{\partial}{\partial x}u(x,y), \frac{\partial}{\partial y}u(x,y), \dots, \frac{\partial^{k+l}}{\partial x^k \partial y^l}u(x,y), \dots\right) = 0.$$

Wir haben hier die Abhängigkeit von lediglich zwei Variablen x und y angenommen und wollen uns bis auf eine Ausnahmestelle auf diesen Fall beschränken.
Ist die höchste in G auftretende Ableitung der gesuchten Funktion von n-ter Ordnung, so heißt die Differentialgleichung ebenfalls von n-ter Ordnung. Die Gleichung wird als linear bezeichnet, wenn die Funktion G linear von u und sämtlichen auftretenden partiellen Ableitungen von u abhängt. Die Gleichung heißt quasilinear, wenn G lediglich von denjenigen partiellen Ableitungen linear abhängt, welche die höchste auftretende Ordnung haben.

Eine erste Vorstellung vom Unterschied zwischen gewöhnlichen und partiellen Differentialgleichungen gibt bereits die folgende lineare partielle Differentialgleichung erster Ordnung

$$\frac{\partial}{\partial x}u(x,y) - \frac{\partial}{\partial y}u(x,y) = 0.$$

Ihre Lösungen

$$u(x,y) = f(x+y)$$

beinhalten anstatt einer freien Konstanten eine frei wählbare Funktion f.
Ein (zumeist) nichtlineares Beispiel bildet die eng mit dem Hamilton-System verwandte Hamilton-Jacobi-Gleichung

$$\frac{\partial}{\partial x}u(x,y) + H\left(y, \frac{\partial}{\partial y}u(x,y)\right) = 0.$$

Überhaupt stehen partielle Differentialgleichungen erster Ordnung in einer engen Beziehung mit den gewöhnlichen.

Drei wichtige Prototypen linearer Gleichungen zweiter Ordnung sind:
die eindimensionale Wellengleichung

$$\frac{\partial^2}{\partial y^2}u(x,y) = c^2\frac{\partial^2}{\partial x^2}u(x,y)\,,$$

die Wärmeleitungsgleichung

$$\frac{\partial}{\partial y}u(x,y) = c\frac{\partial^2}{\partial x^2}u(x,y)$$

und die Potentialgleichung (Laplacegleichung)

$$\frac{\partial^2}{\partial x^2}u(x,y) + \frac{\partial^2}{\partial y^2}u(x,y) = 0\,.$$

Betrachten wir die einfache lineare Gleichung zweiter Ordnung

$$\frac{\partial^2}{\partial x \partial y}u(x,y) = 0\,,$$

die durch Koordinatentransformation aus der Wellengleichung entsteht, so stellen wir fest, daß ihre Lösungen

$$u(x,y) = f(x) + h(y)$$

zwei freie Funktionen f und h beinhalten.

Zum Schluß noch zwei nichtlineare Beispiele, die aufgrund ihrer interessanten mathematischen Eigenschaften als auch ihrer vielseitigen Anwendbarkeit große Bedeutung gewonnen haben.
Die Korteweg-de Vries-Gleichung:

$$\frac{\partial}{\partial y}u(x,y) + \frac{\partial^3}{\partial x^3}u(x,y) + 6u(x,y)\frac{\partial}{\partial x}u(x,y) = 0$$

mit sogenannten Solitonenlosungen

$$u(x,y) = \beta\,\mathrm{sech}^2\left(\sqrt{\frac{\beta}{2}}(x-2\beta y)\right)\,,$$

aus denen man durch eine Bäcklund-Transformation Multisolitonen aufbauen kann.

Die Burgers-Gleichung:

$$\frac{\partial}{\partial y}u(x,y) + \frac{\partial^2}{\partial x^2}u(x,y) + u(x,y)\frac{\partial}{\partial x}u(x,y) = 0\,.$$

Sie ist linearisierbar, weil man mit der Cole-Hopf-Transformation

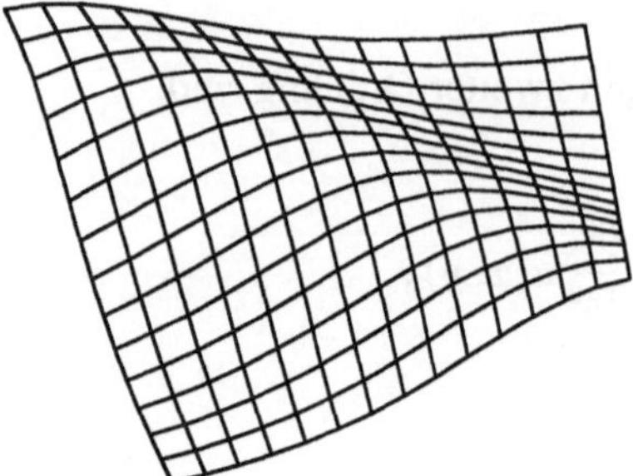

Bild 1.4
Soliton der Korteweg-de Vries-Gleichung

$$u(x,y) = 2\frac{\partial v(x,y)}{\partial x}$$

Lösungen der linearen Gleichung

$$\frac{\partial}{\partial y}v(x,y) + \frac{\partial^2}{\partial x^2}v(x,y) = 0$$

in Lösungen der Burgers-Gleichung überführen kann.

Wir fassen noch einmal kurz zusammen: Man teilt die Differentialgleichungen grob ein in gewöhnliche und partielle und diese wiederum in Einzeldifferentialgleichungen und Systeme, und in lineare und nichtlineare.

Wie man an unseren wenigen Beispielen bereits erkennen kann, baut man bei der Lösung von Differentialgleichungen auf den Methoden der Analysis und im linearen Bereich der linearen Algebra auf. Zu unterscheiden von den analytischen Methoden wären die numerischen Verfahren, mit denen wir uns in dieser einführenden Darstellung nicht beschäftigen werden. Unser Schwerpunkt soll auf den elementaren symbolischen Algorithmen zur Behandlung von Differentialgleichungen (vorwiegend im linearen Bereich) liegen.

Im zweiten Kapitel betrachten wir die Differentialgleichungen erster Ordnung und legen begriffliche Grundlagen.

Im dritten Kapitel betrachten wir Systeme von Differentialgleichungen erster Ordnung und als Sonderfall die Einzeldifferentialgleichung höherer Ordnung.

Die linearen Gleichungen mit konstanten Koeffizienten sind einer algorithmischen Behandlung am besten zugänglich und werden im vierten Kapitel erörtert.

Wir werden im fünften Kapitel sehen, daß sich die partiellen Differentialgleichungen erster Ordnung auf gewöhnliche reduzieren lassen. (Wir beschränken uns dabei auf lineare und quasilineare Gleichungen).

Das Problem der Klassifikation einer linearen partiellen Differentialgleichung zweiter Ordnung und ihrer Überführung in eine bestimmte Normalform kann dann im sechsten Kapitel mit den erarbeiteten Hilfsmitteln behandelt werden. Schließlich bilden die Separationsansätze eine weitere wirkungsvolle Anwendung der Theorie der gewöhnlichen Differentialgleichungen bei der Lösung von Randwert- und Anfangsrandwertproblemen bei partiellen Differentialgleichungen. Wir werden einige Musterbeispiele im sechsten Kapitel schildern.

Bei der praktischen Durchführung eines symbolischen Lösungsalgorithmus bedient man sich vorteilhafterweise eines Computeralgebrasystems, das einem viele umständliche Rechen- oder Nachschlagearbeiten abnehmen kann. Darüberhinaus erweist sich ein Computeralgebrasystem als wertvolles Hilfsmittel bei der Erarbeitung begrifflicher Einsichten. *Mathematica* setzt uns nicht zuletzt mit seinen graphischen Möglichkeiten in den Stand, vielfältige Beispiele zu konstruieren und lebendig werden zu lassen. Man denke etwa an die geometrische Veranschaulichung einer Differentialgleichung durch ihr Richtungsfeld und der Darstellung des Verlaufs von Lösungskurven im Richtungsfeld oder an die Darstellung einer durch einen Separationsansatz gewonnenen Losung in Gestalt einer Fourierreihe.

Wir wollen deshalb gleichzeitig mit der Einführung in die Theorie der gewöhnlichen Differentialgleichungen und ihrer Ausdehnung auf partielle, den Gebrauch und den Einsatz des Hilfsmittels *Mathematica* darstellen. Es ist dabei keineswegs so, daß nur die Theorie über den Einsatz von *Mathematica* bestımmt, vielmehr besteht eine Wechselwirkung. Ein Beispiel stellen die linearen Systeme mit konstanten Koeffizienten dar, deren Behandlung von den Fähigkeiten von *Mathematica* in der linearen Algebra ausgehend gestaltet wurde.

2 Differentialgleichungen erster Ordnung

2.1 Einige Grundbegriffe

Wir präzisieren zuerst die Begriffe: Differentialgleichung erster Ordnung und Lösung.

Definition 2.1 Auf einem Gebiet $D \subseteq \mathbb{R} \times \mathbb{R}$ sei eine reellwertige, stetige Funktion g erklart. Die Gleichung

$$y' = g(x, y) \tag{2.1}$$

wird als Differentialgleichung erster Ordnung bezeichnet.
Verläuft der Graph einer auf einem Intervall I stetig differenzierbaren Funktion f ganz in D

$$\{(x, f(x))| \quad x \in I\} \subset D$$

und gilt für jedes $x \in I$

$$f'(x) = g(x, f(x)),$$

so heißt f Lösung der Differentialgleichung (2.1).

Wir schreiben auch

$$f(x) = y(x), \quad y'(x) = g(x, y(x)).$$

Zur Veranschaulichung der Differentialgleichung (2.1) dienen die Begriffe: Richtungsfeld und Isokline.

Definition 2.2 Jeder Punkt $(x, y, g(x, y)) \in \mathbb{R}^3$, $(x, y) \in D$ heißt Linienelement. Die Menge aller Linienelemente $\{(x, y, g(x, y))|(x, y) \in D\}$ heißt Richtungsfeld der Differentialgleichung (2.1).

Definition 2.3 Jede Kurve, welche die Gleichung

$$g(x, y) = c, \quad c \in \mathbb{R} \tag{2.2}$$

erfüllt, heißt Isokline der Differentialgleichung (2.1).

Die Isoklinen vereinigen Punkte mit gleicher Richtung zu Kurven. Sie bilden also gerade die Höhenlinien der Funktion $g(x, y)$.

Wenn der Graph einer Lösung f durch einen Punkt $(x_0, y_0) \in D$ geht, dann stellt die Gerade

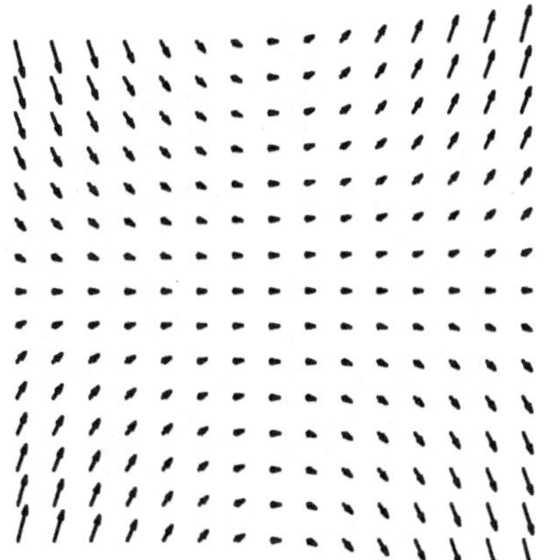

Bild 2.1
Richtungsfeld von $y' = xy$

$$y = y_0 + g(x_0, y_0)(x - x_0) \tag{2.3}$$

die Tangente an f in diesem Punkt dar. Wenn der Graph einer Lösung f in einem Punkt $(x_0, y_0) \in D$ eine Isokline (2.2) schneidet, so stellt der Parameter c den Anstieg der Tangente an f in diesem Punkt dar.

Das Richtungsfeld kann graphisch dargestellt werden, indem man in jedem Punkt $(x_0, y_0) \in D$ ein kleines Geradenstück mit dem Anstieg $g(x_0, y_0)$, also ein kleines Stück der Gerade (2.3), zeichnet.

Mit *Mathematica* kann man das Richtungsfeld unter Verwendung des Befehls `PlotVectorField` veranschaulichen. Mit diesem Befehl können ebene Vektorfelder dargestellt werden. Man muß dazu zuerst das Graphikpaket `Graphics'PlotField'` laden:

```
<<Graphics'PlotField'
```

Nun läßt man das Vektorfeld $(1, g(x, y))$ zeichnen. Verläuft eine Lösungskurve $(x, y(x))$ durch einen Punkt (x_0, y_0), so liefert $(1, g(x_0, y_0))$ den Tangentenvektor der Lösungskurve in diesem Punkt. Wir bereiten die Darstellung des Vektorfeldes $(1, g(x, y))$ mit einem kleinen Programm

```
pvf[x0_,x1_,y0_,y1_]:=
      PlotVectorField[{1,g[x,y]},{x,x0,x1},{y,y0,y1}]
```

vor.

Beispiel:

$$y' = xy\,.$$

```
In[1]:= <<Graphics'PlotField'
In[2]:= g[x_,y_]:=x y
In[3]:= pvf[-2,2,-2,2]
Out[3]= -Graphics-
```

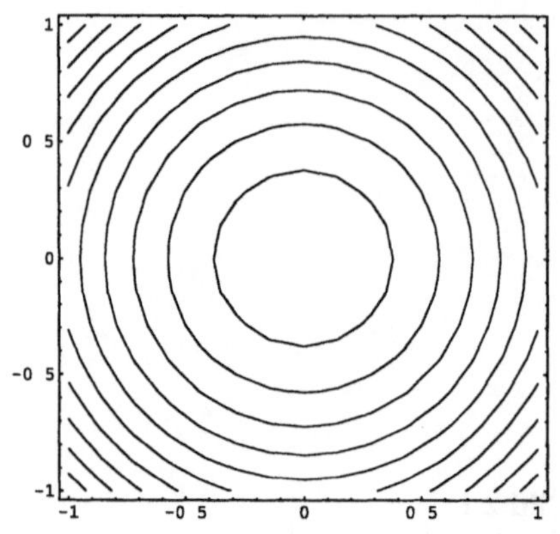

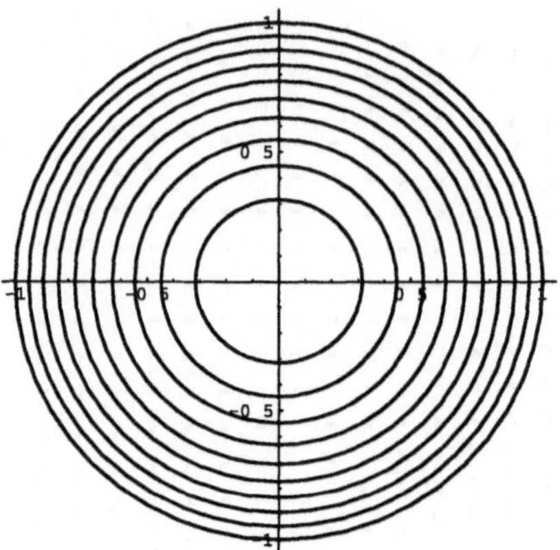

Bild 2.2 Isoklinen von $y' = x^2 + y^2$ (links mit `ContourPlot`, rechts mit `ImplicitPlot`)

Mit *Mathematica* kann man die Isoklinen mit dem Befehl `ContourPlot` für Höhenlinien oder mit dem Befehl `ImplicitPlot` für implizit gegebene Kurven graphisch darstellen.

Wir bereiten wieder jeweils ein kleines Programm vor:

```
isoklcp[x0_,x1_,y0_,y1_]:=
           ContourPlot[g[x,y],{x,x0,x1},{y,y0,y1},
                       ContourShading->False]

isoklip[c0_,c1_,dc_,x0_,x1_]:=
            Block[{c,eq},
                  eq=Table[g[x,y]==c,{c,c0,c1,dc}];
                  ImplicitPlot[Evaluate[eq],{x,x0,x1}]
                  ]
```

Bevor man `ImplicitPlot` verwendet, muß aber zuerst das Paket `Graphics'ImplicitPlot'` geladen werden:

```
<<Graphics'ImplicitPlot'
```

Beispiel:

$$y' = x^2 + y^2 .$$

```
In[1]:= g[x_,y_]:=x^2+y^2
In[2]:= isoklcp[-1,1,-1,1]
Out[2]= -Graphics-

In[3]:= <<Graphics'ImplicitPlot'
In[4]:= g[x_,y_]:=x^2+y^2
In[5]:= isoklip[0,1,0.1,-1,1]
Out[5]= -Graphics-
```

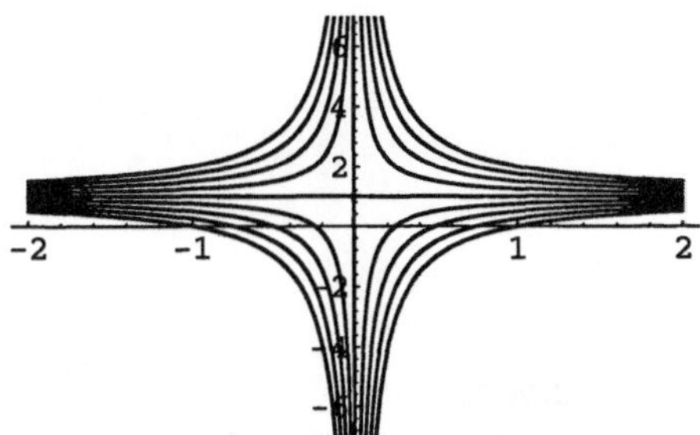

Bild 2.3
Isoklinen von $y' = 2x(1-y)$ (mit `Solve`)

Wenn die Gleichung $g(x, y) = c$ auf analytischem Weg nach y (oder nach x) aufgelöst werden kann, können wir die Isoklinen mit dem Befehl `Solve` bestimmen und anschließend mit `Plot` zeichnen. Diese Möglichkeit ist etwas aufwendiger zu programmieren. Wir demonstrieren sie an folgendem

Beispiel:

$$y' = 2x(1-y).$$

```
In[1]:= s=Solve[2 x (1-y)==c,y];
        s1=y/.s;
        s2=Table[s1,{c,-2,2,0.5}];
        Plot[Evaluate[s2],{x,-2,2},PlotRange->{7,7}]
Out[4]= -Graphics-
```

Man kann nach der Menge aller Lösungen (allgemeine Lösung) einer gegebenen Differentialgleichung erster Ordnung fragen oder nach einer Lösung, die durch einen bestimmten Punkt geht.

Definition 2.4 Gegeben sei die Differentialgleichung (2.1) und ein Punkt $(x_0, y_0) \in D$. Gesucht werde eine Lösung, die durch den Punkt (x_0, y_0) geht:

$$y(x_0) = y_0 .$$

Diese Bedingung wird als Anfangsbedingung und die Problemstellung als Anfangswertproblem bezeichnet.

Bemerkung: Ein Anfangswertproblem kann mehrere Lösungen besitzen.

Mit dem Befehl `DSolve` gestattet *Mathematica* die Bestimmung der allgemeinen Lösung

```
DSolve[y'[x]==g[x,y[x]],y[x],x]
```

und die Lösung des Anfangswertproblems

```
DSolve[{y'[x]==g[x,y[x]],y[x0]==y0},y[x],x]
```

Beispiel:
Bestimmung der allgemeinen Lösung von

$$y' = x^2 y, \quad D = \mathbb{R} \times \mathbb{R}.$$

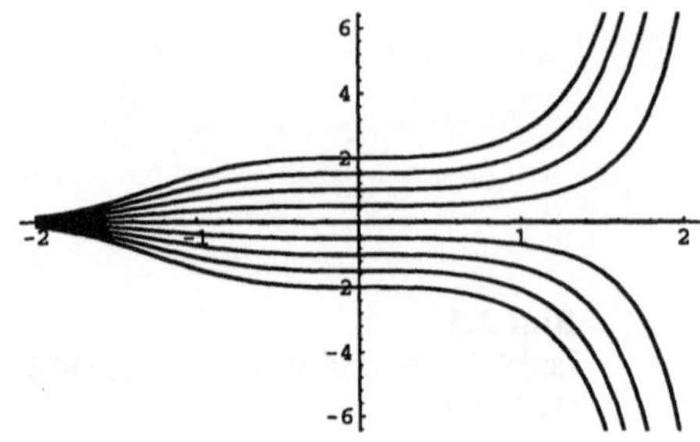

Bild 2.4
Losungen von $y' = x^2 y$

```
In[1]:= g[x_,y_]:=x^2 y
In[2]:= DSolve[y'[x]==g[x,y[x]],y[x],x]
Out[2]= {{y[x] -> E^(x^3/3)*C[1]}}
```

Also:

$$y(x) = ce^{\frac{x^3}{3}}, \quad c \in \mathbb{R}.$$

Man bestätigt sofort durch Differenzieren, daß dies tatsächlich die Differentialgleichung erfüllt. Natürlich kann man auch *Mathematica* die Probe durchführen lassen. Man führt dazu eine neue Variable ein:

```
In[3]:= s=DSolve[y'[x]==g[x,y[x]],y[x],x];
        l[x]=y[x]/.s[[1]]
Out[4]= E^(x^3/3)*C[1]
In[5]:= D[l[x],x]-g[x,l[x]]
Out[5]= 0
```

Beispiel:
Bestimmung der Lösung des Anfangswertproblems

$$y' = x^2 y, \quad y(1) = 3.$$

```
In[1]:= x0=1;
        y0=3;
        g[x_,y_]:=x^2 y;
        DSolve[{y'[x]==g[x,y[x]],y[x0]==y0},y[x],x]
Out[4]= {{y[x] -> 3*E^((-1 + x^3)/3)}}
```

Also:

$$y(x) = \frac{3}{e^{\frac{1}{3}}} e^{\frac{x^3}{3}}.$$

Natürlich hätte man dies auch aus der allgemeinen Lösung durch Anpassen der Konstanten an die Anfangsbedingung bekommen können.

Schließlich wollen wir noch ausdrucklich darauf hinweisen, daß man das Paket `Calculus'DSolve'` unbedingt laden sollte, bevor man mit DSolve arbeitet.
Wir verdeutlichen dies an folgendem
Beispiel:

$$y' = x(x+y)^2 + x - 1.$$

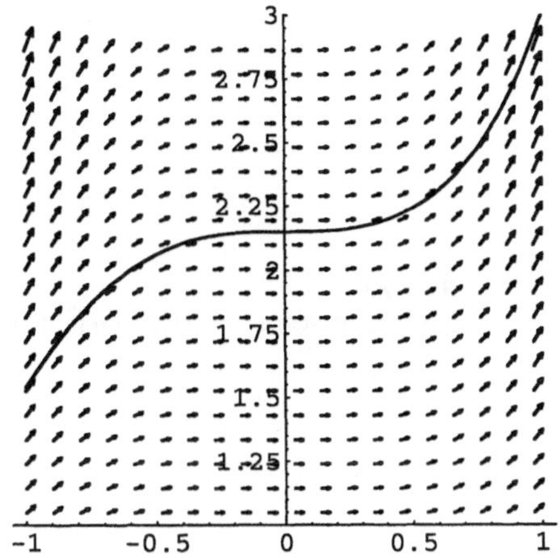

Bild 2.5
Die Losung von $y' = x^2 y\,, y(1) = 3$ im Richtungsfeld

```
In[1]:= DSolve[y'[x]==x (x+y[x])^2+x-1,y[x],x]
Out[1]= DSolve[y'[x]==-1 +x +x (x+y[x])^2,y[x],x]
```

Ohne `Calculus'DSolve'` wird das Problem zurückgegeben.
Man kann diese Differentialgleichung jedoch leicht durch Setzen von

$$u(x) = x + y(x)$$

in die Differentialgleichung

$$u' = x(u^2 + 1)$$

überführen, und `DSolve` liefert uns dafür die Lösungen

$$u(x) = \tan\left(\frac{x^2}{2} + c\right) ,$$

so daß wir als Lösungen der Ausgangsgleichung die Kurven

$$y(x) = \tan\left(\frac{x^2}{2} + c\right) - x$$

bekommen. Dasselbe Ergebnis erhalten wir direkt mit

```
In[2]:= <<Calculus'DSolve'
In[3]:= DSolve[y'[x]==x (x+y[x])^2+x-1,y[x],x]
```

Es ist manchmal nicht ganz einfach, einem *Mathematica*-output die richtige Information zu entnehmen.
Beispiel:
Wir betrachten die auf $D = \mathbb{R} \times \mathbb{R}_{>0}$ erklärte Differentialgleichung

$$y' = \sqrt{y^3}$$

und suchen die allgemeine Lösung.

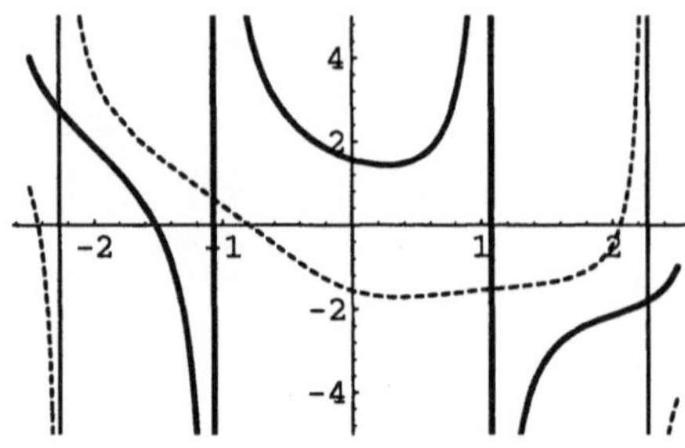

Bild 2.6
Lösungen von $y' = x(x+y)^2 + x - 1$

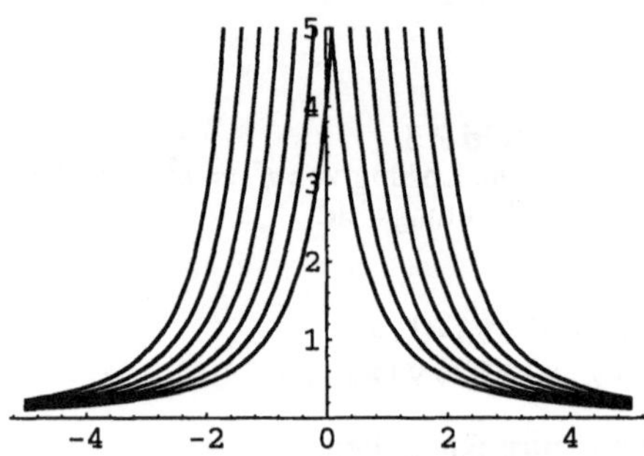

Bild 2.7
Einige Kurven der Schar $y(x) = \frac{4}{(x+c)^2}$

```
In[1]:= DSolve[y'[x]==y[x]^(3/2),y[x],x]
Out[1]= {{y[x] -> 4/(x + C[1])^2}}
```

Betrachten wir die Kurvenschar

$$y(x) = \frac{4}{(x+c)^2}, \quad c \in \mathbb{R}$$

etwas näher. Jede dieser Kurven hat einen Pol bei $x = -c$. Eine Lösungskurve muß definitionsgemäß stetig differenzierbar sein. Wir könnten also die Kurven auf $I_1 = (-\infty, -c)$ oder auf $I_2 = (-c, \infty)$ als Lösungen betrachten. Setzen wir in die rechte Seite der Differentialgleichung ein, so ergibt sich

$$\sqrt{y(x)^3} = \begin{cases} -\frac{8}{(x+c)^3} & , \quad x < -c \\ \frac{8}{(x+c)^3} & , \quad -c < x \end{cases},$$

während wir für die Ableitung

$$y'(x) = -\frac{8}{(x+c)^3}$$

erhalten. Das heißt, die allgemeine Losung lautet

$$y(x) = \frac{4}{(x+c)^2}, \quad x < -c\,.$$

Nun betrachten wir das Anfangswertproblem

$$y' = \sqrt{y^3}, \quad y(0) = 2\,.$$

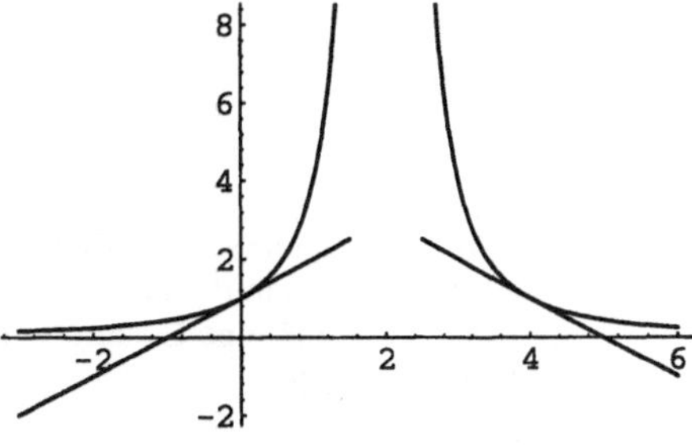

Bild 2.8
Äste von $y(x) = \frac{4}{(x-2)^2}$ mit Tangenten

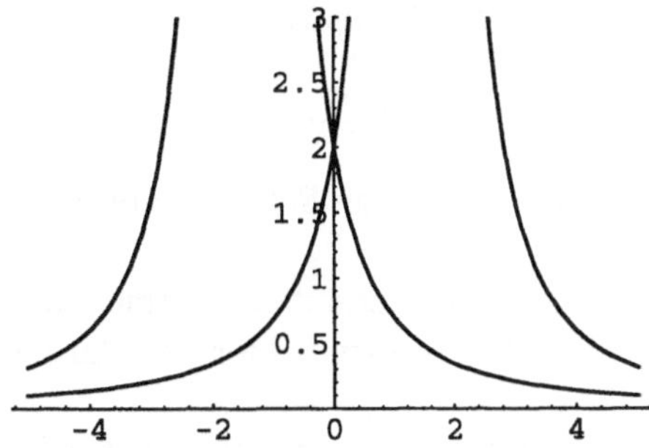

Bild 2.9
Vermeintliche Lösungen von
$y' = y^{3/2}, y(0) = 2$

```
In[2]:= DSolve[{y'[x]==y[x]^(3/2),y[0]==2},y[x],x]
Out[2]= {{y[x] -> 4/(2 + 2^(3/2)*x + x^2)},
         {y[x] -> 4/(2 - 2^(3/2)*x + x^2)}}
```

Der Antwort von *Mathematica* entnehmen wir zunächst zwei Lösungen, die man schreiben kann

$$y(x) = \frac{4}{(x+\sqrt{2})^2} \quad \text{und} \quad y(x) = \frac{4}{(x-\sqrt{2})^2}\,.$$

Offenbar ist nur die zweite Lösung richtig für $x < \sqrt{2}$.

Da *Mathematica* Funktionen prinzipiell als Funktionen komplexer Argumente auffaßt, wollen wir die Differentialgleichung $y' = \sqrt{y^3}$ noch etwas näher in der komplexen Ebene betrachten. Wir entnehmen dem output zunächst die in $\mathbb{C}\backslash\{-c\}$ definierte Funktion $y(x) = 4/(x+c)^2$ und müssen uns uberlegen, in welchem Teilbereich von $\mathbb{C}$ dadurch eine Lösung dargestellt wird.

Mathematica verwendet den Hauptwert für das Argument $\arg(z)$ einer komplexen Zahl $z \neq 0$. Das heißt, wir haben $-\pi < \arg(z) \leq \pi$ mit $\arg(z) = \pi$ auf der negativen reellen Achse. Entsprechend nimmt *Mathematica* den Hauptzweig für die Wurzelfunktion:

$$\sqrt{z} = \sqrt{|z|}e^{\imath\frac{\arg(z)}{2}}\,.$$

Damit haben wir wie in $\mathbb{R}$: $\sqrt{z^2} = z$ genau dann, wenn $\mathrm{Re}(z) \geq 0$ $(z \neq \alpha\imath, \alpha \in \mathbb{R}_{<0})$ und $\sqrt{z^2} = -z$ genau dann, wenn $\mathrm{Re}(z) \leq 0$ $(z \neq \alpha\imath, \alpha \in \mathbb{R}_{>0})$. Völlig analog zum reellen Fall muß nun

$$\sqrt{(x+c)^6} = -(x+c)^3$$

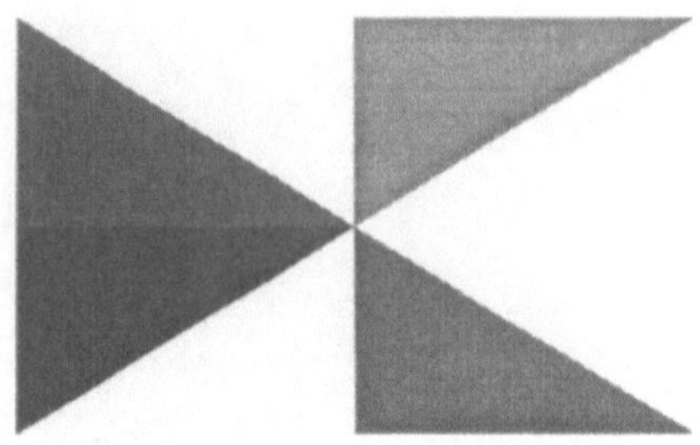

Bild 2.10
Vom Pol $-c$ ausgehende Sektoren in der komplexen Ebene, in denen $y(x) = 4/(x+c)^2$ eine Losung von $y' = y^{3/2}$ darstellt

sein, damit $y(x) = 4/(x+c)^2$ eine Losung darstellt. Dies ist äquivalent mit

$$\mathrm{Re}((x+c)^3) \leq 0 \quad (x+c)^3 \neq \alpha\imath,\ \alpha \in \mathbb{R}.$$

Die letztere Bedingung bedeutet, daß x in einem der folgenden Sektoren von $\mathbb{C}$ liegen muß:

1) Der durch die Gerade $\mathrm{Re}(z) = -\mathrm{Re}(c)$ und die durch $-c$ verlaufende Gerade mit dem Anstieg $\tan(\pi/6)$ in der Halbebene Im(z) $\geq -\mathrm{Im}(c)$ begrenzte Sektor (mit Ausnahme der Gerade mit dem Anstieg $\tan(\pi/6)$),

2) der durch die Gerade $\mathrm{Re}(z) = -\mathrm{Re}(c)$ und die durch $-c$ verlaufende Gerade mit dem Anstieg $-\tan(\pi/6)$ in der Halbebene Im(z) $\leq -\mathrm{Im}(c)$ begrenzte Sektor (mit Ausnahme der Gerade $\mathrm{Re}(z) = -\mathrm{Re}(c)$),

3) der durch die durch $-c$ verlaufenden Geraden mit dem Anstieg $-\tan(\pi/6)$ in der Halbebene $\mathrm{Re}(z) < -\mathrm{Re}(c)$ begrenzte Sektor (mit Ausnahme der Gerade mit dem Anstieg $\tan(\pi/6)$).

Im Innern eines jeden dieser drei Sektoren stellt $y(x) = 4/(x+c)^2$ eine Lösung der komplexen Differentialgleichung dar.

Ist c eine reelle Konstante, und schränken wir die Lösung auf reelle Argumente ein, so erkennt man leicht, daß wir $y(x) = 4/(x+c)^2$ mit der Einschränkung $x < -c$ als Losung der reellen Differentialgleichung erhalten.

Daß *Mathematica* zwei Losungen für das Anfangswertproblem $y' = \sqrt{y^3}, y(0) = 2$ angibt, liegt vermutlich daran, daß `Solve` zwei Lösungen der Gleichung $4/(c^2) = 2$ findet.

Beispiel:

Wir betrachten die auf $D = \mathbb{R} \times \mathbb{R}$ erklarte Differentialgleichung

$$y' = 3\sqrt[3]{y^2}$$

und suchen eine Lösung, die die Anfangsbedingung $y(0) = 0$ erfüllt.

```
In[1]:= DSolve[{y'[x]==3 y[x]^(2/3),y[0]==0},y[x],x]
Out[1]= {{y[x] -> x^3}}
```

Mathematica liefert also die Losung

$$y(x) = x^3$$

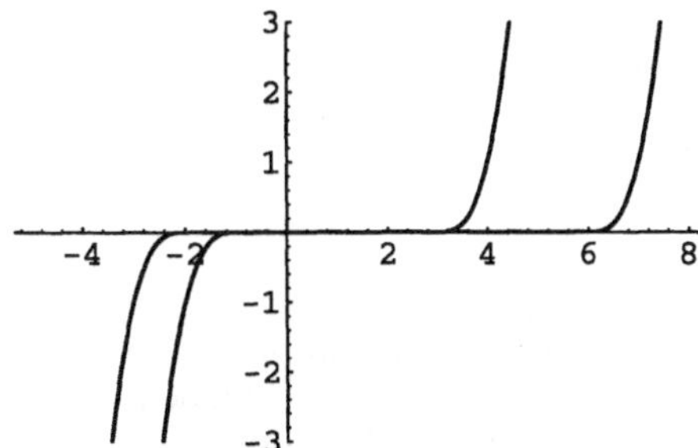

Bild 2.11
Losungen von $y' = 3y^{2/3}$, $y(0) = 0$

für das Anfangswertproblem. Dieses Anfangswertproblem besitzt aber beliebig viele Lösungen, nämlich

$$y(x) = \begin{cases} (x-\alpha)^3 & , \quad x \le \alpha \\ 0 & , \quad \alpha < x \le \beta \\ (x-\beta)^3 & , \quad \beta \le x \end{cases}$$

für beliebige $\alpha < 0 < \beta$.

Unmittelbar aus der Anschauung ergibt sich ein einfaches Verfahren zur Herstellung einer Näherungslösung für ein Anfangswertproblem, das wir kurz schildern wollen: das Polygonzugverfahren.

Man unterteilt das Intervall $[x_0, x_n]$ durch Punkte $x_1, x_2, \ldots, x_{n-1}$

$$x_0 < x_1 < x_2 \cdots < x_{n-1} < x_n ,$$

und erhalt eine Näherungslösung $\tilde{y}$ in den Unterteilungspunkten gemäß

$$\begin{aligned} \tilde{y}(x_{j+1}) &= \tilde{y}(x_j) + g(x_j, \tilde{y}(x_j))(x_{j+1} - x_j), \quad j = 0, \ldots, n-1, \\ \tilde{y}(x_0) &= y_0 . \end{aligned}$$

Man folgt also im Punkt $(x_j, \tilde{y}(x_j))$ der Gerade

$$\tilde{y} = \tilde{y}(x_j) + g(x_j, \tilde{y}(x_j))(x - x_j),$$

bis man den nächsten Punkt erreicht.

Mathematica-Programm:

```
poly[x0_List,y0_,n_Integer]:=
    Block[{yg=y0,pkt={{x0[[1]],y0}}},
          Do[yg=yg+g[x0[[j]],yg] (x0[[j+1]]-x0[[j]]);
             pkt1={x0[[j+1]],yg};
             AppendTo[pkt,pkt1],{j,1,n-1}];
          pkt
         ]
```

Beispiel:
Gegeben sei das Anfangswertproblem

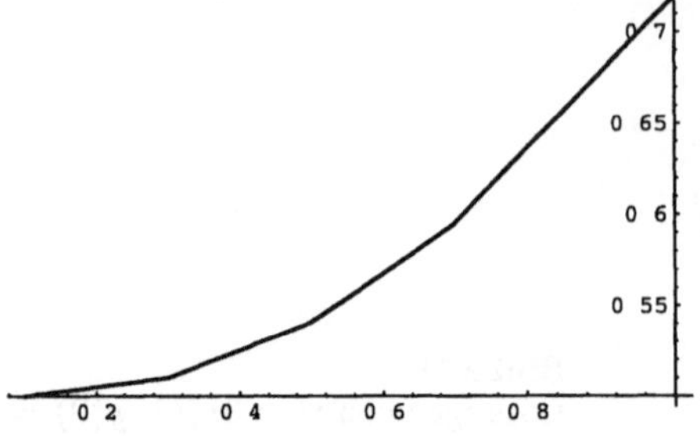

Bild 2.12
Naherungslosung von
$y' = xy\,, y(0) = \frac{1}{2}$ mit dem
Polygonzugverfahren

$$y' = xy\,, \quad y(0) = \frac{1}{2}$$

und gesucht sei eine Naherungslösung in den Punkten
$(x_0, x_1, x_2, x_3, x_4) = (0.1, 0.3, 0.5, 0.7, 1)$.

```
In[1]:= x0={0.1,0.3,0.5,0.7,1};
        g[x_,y_]:=x y;
        pkte=poly[x0,0.5,5];
        Show[Graphics[Line[pkte],Axes->Automatic]]
Out[4]= -Graphics-
```

2.2 Existenz und Eindeutigkeit von Lösungen

Wir betrachten das Anfangswertproblem

$$y' = g(x, y)\,, \quad y(x_0) = y_0\,, \tag{2.4}$$

mit einer auf einem Gebiet $D \subset \mathbb{R}\times\mathbb{R}$ stetigen und nach y stetig partiell differenzierbaren Funktion g.

Wir gehen zunächst vom Anfangswertproblem (2.4) zu einer Integralgleichung

$$y(x) = y_0 + \int_{x_0}^{x} g(t, y(t))\,\mathrm{d}t \tag{2.5}$$

über.
Jede Lösung des Anfangswertproblems (2.4) liefert eine Lösung der Integralgleichung (2.5), und umgekehrt stellt jede stetige Lösung der Integralgleichung eine Lösung des Anfangswertproblems dar. Beide Aussagen gehen auf den Hauptsatz der Differential- und Integralrechnung zurück.
Die Integralgleichung hat den Vorteil, daß man ihre Lösung rekursiv durch Picard-Iteration, (sukzessive Approximation)

$$y_k(x) = y_0 + \int_{x_0}^{x} g(t, y_{k-1}(t))\,\mathrm{d}t\,, \quad y_0(x) = y_0\,, \tag{2.6}$$

angehen kann.

Wir wollen annehmen, daß die Iteration auf einem Intervall $U_\rho(x_0) = \{x| \, |x-x_0| \leq \rho\}$ durchfuhrbar ist, und die Funktionenfolge $y_k(x)$ dort gleichmäßig gegen eine Grenzfunktion $y(x)$ konvergiert.
Wir wollen voraussetzen, daß die rechte Seite $g(x, y)$ eine Lipschitzbedingung

$$|g(x, \bar{y}) - g(x, y)| \leq L|\bar{y} - y|\,, \quad \text{für alle} \quad x, y, \bar{y} \in D$$

erfüllt.
Die Lipschitzbedingung garantiert, daß auch die Funktionenfolge $g(x, y_k(x))$ auf $U_\rho(x_0)$ gleichmäßig gegen die Grenzfunktion $g(x, y(x))$ konvergiert.
Integration und Grenzübergang können nun vertauscht werden, und man bekommt

$$\begin{aligned} y(x) &= \lim_{k\to\infty} y_k(x) \\ &= y_0 + \lim_{k\to\infty} \int_{x_0}^{x} g(t, y_{k-1}(t))\,\mathrm{d}t \\ &= y_0 + \int_{x_0}^{x} \lim_{k\to\infty} g(t, y_{k-1}(t))\,\mathrm{d}t \\ &= y_0 + \int_{x_0}^{x} g(t, y(t))\,\mathrm{d}t\,, \end{aligned}$$

so daß $y(x)$ eine Lösung des Anfangswertproblems darstellt.

Wir betrachten nun einige Beispiele zur Picard-Iteration mit folgendem Programm:

```
pk[x0_,y0_,n_]:=
   Block[{},
         yi[0,x_]:=y0;
         Do[yi[k_,x_]:=y0+Integrate[g[t,yi[k-1,t]],{t,x0,x}];
         Print["y(",k,",x)=",yi[k,x]],{k,1,n}]
        ]
```

(Wir benützen den Befehl `Integrate` zur bestimmten Integration:
`Integrate[a[t],t,x0,x]` einer Funktion $a(t)$).
Beispiel:

$$y' = 2xy\,, \quad y(0) = 1\,.$$

Wir berechnen die ersten funf Picard-Iterierten

```
In[1]:= g[x_,y_]:=2 x y
In[2]:= pk[0,1,5]

y(1,x)=1 + x^2

y(2,x)=1 + x^2 + x^4/2

y(3,x)=1 + x^2 + x^4/2 + x^6/6

y(4,x)=1 + x^2 + x^4/2 + x^6/6 + x^8/24

y(5,x)=1 + x^2 + x^4/2 + x^6/6 + x^8/24 + x^10/120
```

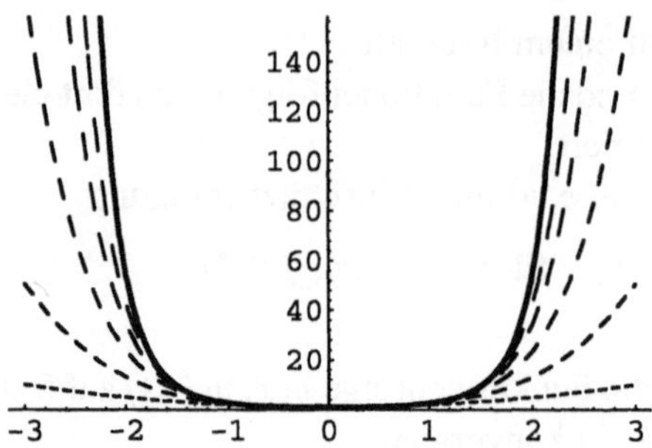

Bild 2.13
Pıcard-Iterierte für $y' = 2xy$, $y(0) = 1$ mıt exakter Losung

Man bestätigt durch vollständige Induktion, daß

$$y_k(x) = \sum_{\nu=0}^{k} \frac{x^{2\nu}}{\nu!},$$

und somit $y_k(x)$ gleichmäßig gegen die Grenzfunktion

$$y(x) = \sum_{\nu=0}^{\infty} \frac{x^{2\nu}}{\nu!} = e^{x^2}$$

konvergiert. Die Grenzfunktion stellt die Losung des Anfangswertproblems dar.
Beispiel:

$$y' = 2xy + 1\,, \quad y(0) = 1\,.$$

Wir berechnen die ersten funf Picard-Iterierten

```
In[1]:= g[x_,y_]:=2 x y + 1
In[2]:= pk[0,1,5]

y(1,x)=1 + x + x^2

y(2,x)=1 + x + x^2 + (2*x^3)/3 + x^4/2

y(3,x)=1 + x + x^2 + (2*x^3)/3 + x^4/2 + (4*x^5)/15 + x^6/6

y(4,x)=1 + x + x^2 + (2*x^3)/3 + x^4/2 + (4*x^5)/15 + x^6/6
         + (8*x^7)/105 + x^8/24

y(5,x)=1 + x + x^2 + (2*x^3)/3 + x^4/2 + (4*x^5)/15 + x^6/6
         + (8*x^7)/105 + x^8/24 + (16*x^9)/945 + x^10/120
```

Man bestätigt durch vollstandige Induktion, daß

$$y_k(x) = \sum_{\nu=0}^{k} \frac{x^{2\nu}}{\nu!} + \sum_{\nu=0}^{k-1} 2^{\nu} \frac{x^{2\nu+1}}{1 \cdot 3 \cdot 5 \cdots (2\nu - 1) \cdot (2\nu + 1)}\,.$$

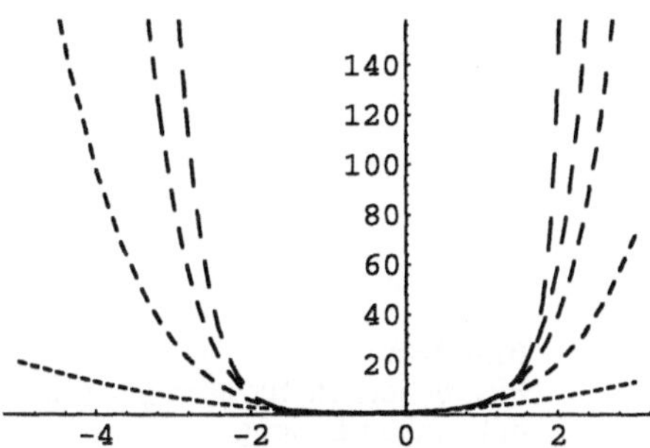

Bild 2.14
Picard-Iterierte für
$y' = 2xy + 1\,, y(0) = 1$

Die Iterierten $y_k(x)$ konvergieren gleichmaßig gegen die Grenzfunktion

$$y(x) = \sum_{\nu=0}^{\infty} \frac{x^{2\nu}}{\nu!} + \sum_{\nu=0}^{\infty} 2^{\nu} \frac{x^{2\nu+1}}{1 \cdot 3 \cdot 5 \cdots (2\nu - 1) \cdot (2\nu + 1)},$$

welche die Lösung des Anfangswertproblems darstellt.

Beispiel:

$$y' = y^2\,, \quad y(0) = 1\,.$$

Wir berechnen die ersten vier Picard-Iterierten

```
In[1]:= g[x_,y_]:=y^2
In[2]:= pk[0,1,4]

y(1,x)=1 + x

y(2,x)=1 + x + x^2 + x^3/3

y(3,x)=1 + x + x^2 + x^3 + (2*x^4)/3 + x^5/3 + x^6/9 + x^7/63

y(4,x)=1 + x + x^2 + x^3 + x^4 + (13*x^5)/15 + (2*x^6)/3
        + (29*x^7)/63 + (71*x^8)/252 + (86*x^9)/567
        + (22*x^10)/315 + (5*x^11)/189 + x^12/126
        + x^13/567 + x^14/3969 + x^15/59535
```

Man vermutet, daß die Picard-Iterierten gegen die Grenzfunktion

$$y(x) = \sum_{k=0}^{\infty} x^k = \frac{1}{1-x}, \quad |x| < 1$$

konvergieren. Durch Nachrechnen uberzeugt man sich davon, daß die Funktion

$$y(x) = \frac{1}{1-x}, \quad x < 1$$

die Lösung des Anfangswertproblems darstellt.

Nach diesen Vorüberlegungen und Beispielen wollen wir nun präzise Existenz-und Eindeutigkeitsaussagen formulieren.

Wir betrachten das Anfangswertproblem (2.4) mit einer auf einem Rechteck

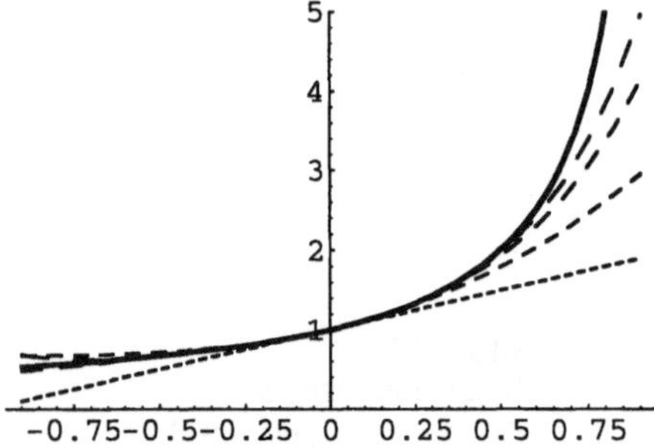

Bild 2.15
Picard-Iterierte fur $y' = y^2$, $y(0) = 1$ mit exakter Losung

$$D = \{(x, y) | \, |x - x_0| \leq \alpha \,, \quad |y - y_0| \leq \beta \,, \quad \alpha, \beta \in \mathbb{R}_{>0}\}$$

stetigen und nach y stetig partiell differenzierbaren Funktion g.
Aus Stetigkeitsgründen gibt es dann Schranken M und L für die Funktion $g(x, y)$ und ihre partielle Ableitung $\partial g(x, y)/\partial y$

$$M = \max_{(x,y)\in D} |g(x, y)| \,, \qquad L = \max_{(x,y)\in D} \left| \frac{\partial}{\partial y} (g(x, y)) \right| .$$

Das Intervall, auf dem wir die Iteration (2.6) durchführen wollen, wird nun folgendermaßen festgelegt:

$$U_\rho(x_0) = \{x | \, |x - x_0| \leq \rho\} \quad \text{mit} \quad \rho = \min\left(\alpha, \frac{\beta}{M}\right) .$$

Satz 2.1 *(Existenz-und Eindeutigkeitssatz)*
Das Anfangswertproblem (2.4) besitzt auf dem Intervall $U_\rho(x_0)$ genau eine Lösung. Sie ergibt sich als gleichmaßiger Grenzwert der durch die Rekursionsformel (2.6) erklärten Funktionenfolge $y_k(x)$.

Beweis: Entsprechend den Vorbetrachtungen muß folgendes gezeigt werden:
1) Die Iterierten $y_k(x)$ sind wohldefiniert.
2) Die Folge der Iterierten $y_k(x)$ konvergiert gleichmäßig.
3) Die Lösung von (2.4) bzw. (2.5) ist eindeutig.

1) Daß die Iterierten $y_k(x)$ erklart sind, sieht man durch folgende Abschätzung:

$$|y_1(x) - y_0| \leq \left| \int_{x_0}^{x} |g(t, y_0(t))| \, \mathrm{d}t \right| \leq M|x - x_0| .$$

Hieraus ergibt sich die Ungleichung

$$|y_1(x) - y_0| \leq M\rho \leq \beta \,,$$

die mittels vollständiger Induktion sofort auf $y_k(x)$ übertragen werden kann:

$$|y_k(x) - y_0| \leq \beta .$$

2) Der Mittelwertsatz liefert die Ungleichung (Lipschitzbedingung)

$$|g(x,\bar{y}) - g(x,y)| \le L|\bar{y} - y|\,.$$

Die Anwendung hiervon auf die ersten beiden Iterierten $y_2(x)$ und $y_1(x)$ führt auf

$$\begin{aligned}
|y_2(x) - y_1(x)| &= \left|\int_{x_0}^{x} (g(t,y_1(t)) - g(t,y_0)))\,\mathrm{d}t\right| \\
&\le \left|\int_{x_0}^{x} |g(t,y_1(t)) - g(t,y_0))|\,\mathrm{d}t\right| \\
&\le L\left|\int_{x_0}^{x} |y_1(t) - y_0|\,\mathrm{d}t\right| \\
&\le LM\left|\int_{x_0}^{x} |t - x_0|\,\mathrm{d}t\right| \\
&\le LM\frac{|x - x_0|^2}{2} \\
&\le \frac{M}{L}\frac{(L\rho)^2}{2!}\,.
\end{aligned}$$

Durch einen einfachen Induktionsschritt verallgemeinern wir dies zu

$$|y_m(x) - y_{m-1}(x)| \le \frac{M}{L}\frac{(L|x - x_0|)^m}{m!} \le \frac{M}{L}\frac{(L\rho)^m}{m!}\,.$$

Zum Nachweis der gleichmäßigen Konvergenz der Funktionenfolge

$$y_k(x) = y_0 + \sum_{m=1}^{k} (y_m(x) - y_{m-1}(x))$$

verwenden wir das Cauchy-Kriterium:

$$|y_{k+j}(x) - y_k(x)| \le \sum_{m=k+1}^{k+j} |y_m(x) - y_{m-1}(x)| \le \frac{M}{L}\sum_{m=k+1}^{k+j} \frac{(L\rho)^m}{m!}\,.$$

Da die Reihe $\sum_{m=0}^{\infty}(L\rho)^m/m!$ konvergiert, ist die Behauptung bewiesen.

3) Die Annahme einer zweiten Lösung $\tilde{y}(x)$ führt mit

$$|\tilde{y}(x) - y(x)| \le L\left|\int_{x_0}^{x} |\tilde{y}(t) - y(t)|\,\mathrm{d}t\right|$$

auf die Abschätzung

$$\begin{aligned}
|\tilde{y}(x) - y(x)| &\le L\left(\max_{|x-x_0|\le\rho} |\tilde{y}(x) - y(x)|\right)|x - x_0| \\
&\le \left(\max_{|x-x_0|\le\rho} |\tilde{y}(x) - y(x)|\right)L\rho\,.
\end{aligned}$$

Mit vollständiger Induktion erhalten wir daraus für beliebiges m

$$|\tilde{y}(x) - y(x)| \leq \left(\max_{|x-x_0|\leq\rho} |\tilde{y}(x) - y(x)| \right) \frac{(L\rho)^m}{m!} .$$

Da $(L\rho)^m/m!$ eine Nullfolge darstellt, ergibt sich schließlich die Gleichheit der beiden Lösungen. □

Nach dem Existenz- und Eindeutigkeitssatz kann eine Lösung in einem inneren Punkt des Gebiets D weder aufhören zu existieren, noch kann sie dort ihre Eindeutigkeit verlieren, indem sie sich in mehrere Lösungsäste verzweigt.

Satz 2.1 *Sei $D \subseteq \mathbb{R} \times \mathbb{R}$ ein Gebiet und G eine stetig differenzierbare Funktion auf D. Sei $y(x)$ die Lösung von (2.1), die durch den Punkt $(x_0, y_0) \in D$ geht.*
Die Lösung $y(x)$ lasse sich über das Intervall $\underline{x}_0 < x < \bar{x}_0$, ($\underline{x}_0 < x_0 < \bar{x}_0$), hinaus nicht fortsetzen.
Dann liegt einer der folgenden Falle vor:

1. *$\underline{x}_0 = -\infty$ (bzw. $\bar{x}_0 = \infty$),*

2. *die Werte $|y(x)|$ besitzen einen Haufungspunkt bei ∞, wenn x von rechts gegen $\underline{x}_0$ (bzw. x von links gegen $\bar{x}_0$) strebt,*

3. *die Abstände der Punkte $(x, y(x))$ vom Rand von D besitzen einen Häufungspunkt bei 0, wenn x von rechts gegen $\underline{x}_0$ (bzw. x von links gegen $\bar{x}_0$) strebt.*

Ferner gilt, daß es auf dem Intervall $\underline{x}_0 < x < \bar{x}_0$ nur eine Lösung durch (x_0, y_0) gibt.

Beweis: Einen ausfuhrlichen Beweis findet man in [9], S.53. Wir geben hier nur zwei wichtige Grundgedanken wieder.
Wenn die Losung $y(x)$ auf dem Intervall $x_0 \leq x < \bar{x}_0$ existiert und die Kurve $(x, y(x))$, $x_0 \leq x < \bar{x}_0$, ın einer kompakten Teilmenge von D verlauft, dann kann die Lösung auf das abgeschlossene Intervall $x_0 \leq x \leq \bar{x}_0$ erstreckt werden.
Wenn $y(x)$ auf dem Intervall $x_0 \leq x \leq \bar{x}_0$ und $\tilde{y}(x)$ auf dem Intervall $\bar{x}_0 \leq x \leq \hat{x}_0$ eine Lösung darstellt und $y(\bar{x}_0) = \tilde{y}(\bar{x}_0)$ ıst, dann stellt die zusammengesetzte Funktion

$$y_z(x) = \begin{cases} y(x) & , \quad x_0 \leq x < \bar{x}_0 \\ \tilde{y}(x) & , \quad \bar{x}_0 \leq x \leq \hat{x}_0 \end{cases}$$

eine Lösung auf dem Intervall $\bar{x}_0 \leq x \leq \hat{x}_0$ dar. □

Bemerkung: Die Graphen zweier Lösungen fallen entweder ganz zusammen, oder sie schneiden sich in keinem Punkt aus dem Gebıet D.

2.3 Lineare Differentialgleichungen

Definition 2.5 Eine Differentialgleichung der Gestalt

$$y' = a(x)y + b(x) \tag{2.7}$$

mit auf einem Intervall I erklärten und dort stetigen Funktionen a und b wird als linear bezeichnet.

Bemerkung: Wir haben also für die rechte Seite $g(x,y) = a(x)y + b(x)$. Notwendig und hinreichend für die Linearität ist offenbar die Bedingung

$$\frac{\partial^2}{\partial y^2} g(x,y) = 0\,.$$

Sie läßt sich leicht mit *Mathematica* überprüfen, indem man `D[g[x,y],y,2]` ausrechnen läßt.

Bemerkung: Die Stetigkeit der Funktionen $a(x)$ und $b(x)$ bewirkt, daß die lineare Differentialgleichung (2.7) die Voraussetzungen des Existenz-und Eindeutigkeitssatzes in einem Streifen $D = I \times \mathbb{R}$ erfullt.

Definition 2.6 Verschwindet die Funktion $b(x)$ identisch auf I, so heißt die Differentialgleichung homogen, andernfalls heißt sie inhomogen. Man nennt

$$y' = a(x)y \tag{2.8}$$

auch die zu (2.7) gehörige homogene Gleichung.

Bemerkung: Die Differenz zweier Lösungen der inhomogenen Gleichung (2.7) ergibt offensichtlich eine Lösung der homogenen Gleichung (2.8).

Wir betrachten nun zunachst die homogene Gleichung (2.8).
Im Intervall I besitzt die stetige Funktion a zu gegebenem $x_0 \in I$ die Stammfunktion

$$\tilde{a}(x) = \int_{x_0}^{x} a(t)\,\mathrm{d}t$$

mit $\tilde{a}(x_0) = 0$.

Satz 2.3 *Die allgemeine Lösung von (2.8) wird durch*

$$y(x) = ce^{\tilde{a}(x)}\,, \quad \textit{mit beliebigem} \quad c \in \mathbb{R}\,,$$

gegeben.

Beweis: Man bestätigt durch Nachrechnen, daß für beliebiges $y_0 \in \mathbb{R}$ $y(x) = y_0 e^{\tilde{a}(x)}$ eine Lösung von (2.8) mit $y(x_0) = y_0$ darstellt. Nach dem Existenz-und Eindeutigkeitssatz kann es aber keine weiteren Lösungen des Anfangswertproblems mehr geben. □

Bemerkung: Die Lösung $y(x)$ von (2.8) mit $y(x_0) = y_0 \neq 0$ kann man systematisch auf folgende Art gewinnen. Nach dem Existenz-und Eindeutigkeitssatz muß entweder $y(x) > 0$ für alle x oder $y(x) < 0$ fur alle x sein. Also gemäß (2.8)

$$\frac{y'(x)}{y(x)} = a(x)$$

bzw.

$$\ln(|y(x)|) - \ln(|y_0|) = \tilde{a}(x)$$

und

$$|y(x)| = |y_0| e^{\tilde{a}(x)} .$$

Wir betrachten nun die inhomogene Gleichung (2.7).

Satz 2.4 *Die allgemeine Lösung der inhomogenen Gleichung (2.7) hat die Gestalt*

$$y(x) = ce^{\tilde{a}(x)} + y_p(x) \tag{2.9}$$

mit einer beliebig gewählten partikulären Lösung y_p von (2.7).

Beweis: Sei $y(x)$ eine beliebige Lösung der inhomogenen Gleichung (2.7).
Wir wählen eine partikulare Lösung $y_p(x)$ und ein festes $x_0 \in I$. Die Differenz $y(x) - y_p(x)$ ist eine Lösung der homogenen Gleichung (2.8), die an der Stelle x_0 den Wert $y(x_0) - y_p(x_0)$ annimmt. Damit wird aber

$$y(x) - y_p(x) = (y(x_0) - y_p(x_0))e^{\tilde{a}(x)} .$$

□

Bemerkung: Zur Herstellung der allgemeinen Lösung der inhomogen Gleichung benötigt man also nur eine einzige Lösung der inhomogenen Gleichung sowie die allgemeine Losung der homogenen Gleichung. Jedes Element der Lösungsmenge der inhomogenen Gleichung ergibt sich mit einer Konstanten c durch (2.9).

Hat man die allgemeine Lösung von (2.7) in der Gestalt (2.9), so ergibt sich die Lösung des Anfangswertproblems $y(x_0) = y_0$, indem man

$$c = y(x_0) - y_p(x_0)$$

wählt.

Es kommt also jetzt noch darauf an, eine einzige partikuläre Lösung zu finden. Wir machen dazu den Ansatz der Variation der Konstanten:

$$y_p(x) = c_p(x)e^{\tilde{a}(x)}\,. \tag{2.10}$$

Differenzieren von (2.10) und Einsetzen in die inhomogene Gleichung (2.7) fuhrt sofort auf die Bedingung

$$c_p'(x) = b(x)e^{-\tilde{a}(x)}$$

für die Funktion $c_p(x)$.
Eine Stammfunktion von $b(x)e^{-\tilde{a}(x)}$ genügt uns; wir wählen

$$c_p(x) = \int_{x_0}^{x} b(t)e^{-\tilde{a}(t)}\,\mathrm{d}t\,,$$

d. h. wir wählen diejenige Lösung

$$y_p(x) = \left(\int_{x_0}^{x} b(t)e^{-\tilde{a}(t)}\,\mathrm{d}t\right)e^{\tilde{a}(x)}\,,$$

die durch den Punkt $(x_0, 0)$ geht.

Lösungen mit *Mathematica*

Algorithmus:
zur Herstellung der allgemeinen Lösung von

$$y' = a(x)y + b(x)\,,$$

bzw. zur Lösung des Anfangswertproblems

$$y' = a(x)y + b(x)\,, \quad y(x_0) = y_0\,.$$

1. Führe die Integration
$$\tilde{a}(x) = \int_{x_0}^{x} a(t)\,\mathrm{d}t$$
aus.
2. Führe die Integration
$$c_p(x) = \int_{x_0}^{x} b(t)e^{-\tilde{a}(t)}\,\mathrm{d}t$$
aus.
3. Bilde die allgemeine Losung der inhomogenen Gleichung
$$(c + c_p(x))\,e^{\tilde{a}(x)}\,.$$

4. Bilde die Lösung des Anfangswertproblems

$$(y_0 + c_p(x))\, e^{\tilde{a}(x)}\,.$$

Dieser Algorithmus kann direkt in *Mathematica* umgesetzt werden.

```
lih[x0_,y0_]:=
    Block[{c,cp,ya,yaw},
          as[x_]:=Integrate[a[t],{t,x0,x}];
          cp=Integrate[b[t] Exp[-as[t]],{t,x0,x}];
          ya=(c+cp) Exp[as[x]];
          yaw=(y0+cp) Exp[as[x]];
          Print["ya(x)=",ya];
          Print["yaw(x)=",yaw]
         ]
```

Beispiel:

$$y' = x^2 y + \sin(x)\,, \quad y(0) = 3\,.$$

Eingabe der Funktionen $a(x)$ und $b(x)$ und Aufrufen des Blocks:

```
In[1]:= a[x_]:=x^2;
        b[x_]:=Sin[x];
In[3]:= lih[0,3]

ya(x)= E^(x^3/3)*(c + Integrate[Sin[t]/E^(t^3/3), {t, 0, x}])

yaw(x)= E^(x^3/3)*(3 + Integrate[Sin[t]/E^(t^3/3), {t, 0, x}])
```

Die allgemeine Lösung lautet also:

$$y(x) = e^{\frac{x^3}{3}} \left(c + \int_0^x \sin(t) e^{-\frac{t^3}{3}}\, \mathrm{d}t \right)\,.$$

Zum Vergleich: allgemeine Losung der inhomogenen Gleichung mit `DSolve`

```
In[4]:= DSolve[y'[x]==x^2 y[x]+Sin[x],y[x],x]
Out[4]= {{y[x] -> E^(x^3/3)*(C[1] +
          Integrate[Sin[x]/E^(x^3/3), x])}}
```

2.4 Separierbare Differentialgleichungen

Definition 2.7 Eine Differentialgleichung der Gestalt

$$y' = a(x)b(y) \tag{2.11}$$

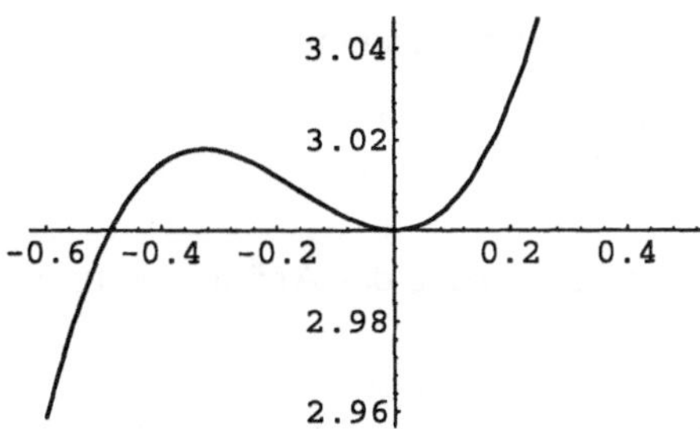

Bild 2.16
Losung von
$y' = x^2y + \sin(x)\,, y(0) = 3$

mit einer auf einem Intervall I erklärten, stetigen Funktion a und einer auf einem Intervall J erklärten, stetig differenzierbaren Funktionen b heißt separierbar.

Bemerkung: In (2.11) haben wir also für die rechte Seite $g(x,y) = a(x)b(y)$. Wenn eine Differentialgleichung $y' = g(x,y)$ vorgegeben ist, so ist es oft nicht ganz leicht zu entscheiden, ob sie separierbar ist. Wenn man $g(x,y) \neq 0$ annimmt, dann ergibt sich folgende notwendige Bedingung für die Separierbarkeit

$$\frac{\partial}{\partial y}\left(\frac{1}{g}\frac{\partial g}{\partial x}\right) = 0\,, \quad \text{oder} \quad \frac{\partial}{\partial x}\left(\frac{1}{g}\frac{\partial g}{\partial y}\right) = 0\,.$$

Sie kann leicht mit *Mathematica* überprüft werden, indem man
`D[D[g[x,y],x]/g[x,y],y]` oder `D[D[g[x,y],y]/g[x,y],x]`
ausrechen läßt.

Wir betrachten (2.11) zusammen mit einer Anfangsbedingung $y(x_0) = y_0$.
Nach dem Existenz-und Eindeutigkeitssatz besitzt das Anfangswertproblem genau eine Lösung $y(x)$, deren Existenz in einer Umgebung $U_\rho(x_0)$ gesichert ist.
Wir unterscheiden nun zwei Falle:
1) $b(y(x_0)) = 0$:
Die Losung des Anfangswertproblems ist die konstante Funktion $y(x_0) = y_0$.
2) $b(y(x_0)) \neq 0$:
Wegen der Eindeutigkeit der Lösung muß in $U_\rho(x_0)$ die Ungleichung $b(y(x)) \neq 0$ bestehen, so daß wir schreiben konnen

$$\frac{1}{b(y(x))}y'(x) = a(x)\,.$$

Diese Gleichung integrieren wir von x_0 bis $x \in U_\rho(x_0)$

$$\int_{x_0}^{x} \frac{y'(t)}{b(y(t))}\,\mathrm{d}t = \int_{x_0}^{x} a(t)\,\mathrm{d}t$$

und erhalten durch Substitution

$$\int_{y(x_0)}^{y(x)} \frac{1}{b(y)}\,\mathrm{d}y = \int_{x_0}^{x} a(t)\,\mathrm{d}t\,.$$

Somit gibt es (lokal) eine eindeutige Auflosung $y(x)$ der Gleichung

$$\int_{y_0}^{y} \frac{1}{b(s)}\,\mathrm{d}s = \int_{x_0}^{x} a(t)\,\mathrm{d}t \tag{2.12}$$

mit $y(x_0) = y_0$. Diese Auflösung stellt die gesuchte Losung des Anfangswertproblems dar.

Bemerkung: Sei $b(y) \neq 0$ für y aus einer Umgebung von y_0.
Sei $\tilde{b}(y)$ eine beliebige Stammfunktion von $1/b(y)$ und $\tilde{a}(x)$ eine beliebige Stammfunktion von $a(x)$. Die allgemeine Lösung von (2.11) ergıbt sich dann aus

$$\tilde{b}(y) = \tilde{a}(x) + c\,, \quad c \in \mathbb{R}\,.$$

Dıe Auflösung der Beziehung (2.12) nach y ist in vielen Fallen nicht auf analytischem Wege möglich.

Lösungen mit *Mathematica*

Algorithmus:
zur Lösung des Anfangswertproblems

$$y' = a(x)b(y)\,, \quad y(x_0) = y_0\,.$$

1. Falls $b(y_0) = 0$: Lösung $y(x_0) = y_0$.
2. Falls $b(y_0) \neq 0$:
   (a) Fuhre die Integration
   $$\tilde{a}(x) = \int_{x_0}^{x} a(t)\,\mathrm{d}t$$
   aus.
   (b) Führe dıe Integration
   $$\tilde{b}(y) = \int_{y_0}^{y} \frac{1}{b(s)}\,\mathrm{d}s$$
   aus.
   (c) Bilde die Gleichung
   $$\tilde{b}(y) = \tilde{a}(x)\,.$$
   (d) Versuche dıe Gleichung nach y aufzulösen ($y(x_0) = y_0$).

Algorithmus:
zur Herstellung der allgemeinen Lösung: $b(y) \neq 0$.

1. Suche eine beliebige Stammfunktion $\tilde{b}(y)$ von $1/b(y)$.

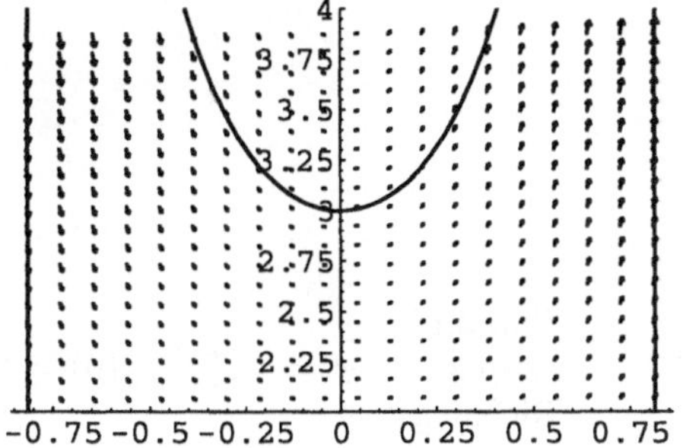

Bild 2.17
Losung von $y' = xy^2$, $y(0) = 3$ im Richtungsfeld

2. Suche eine beliebige Stammfunktion $\tilde{a}(x)$ von $a(x)$.

3. Bilde die Gleichung

$$\tilde{b}(y) = \tilde{a}(x) + c\,.$$

4. Versuche die Gleichung nach y aufzulosen.

Nach der Auflösung mit *Mathematica* muß noch der Definitionsbereich der gefundenen Losungen bestimmt werden.

Mathematica-Programm:
zur Lösung des Anfangswertproblems, ($b(y_0) \neq 0$).

```
sdaw[x0_,y0_]:=Block[{as,bs,yaw},
                     as=Integrate[a[t],{t,x0,x}];
                     bs=Integrate[1/b[t],{t,y0,y}];
                     yaw=Solve[bs==as,y]
                    ]
```

Bemerkung: Der letzte Programmschritt kann Schwierigkeiten bereiten.
Mit `Solve` versuchen wir alle Losungen der Gleichung (2.12) zu finden. Die Gleichung (2.12) besitzt genau eine Auflösung $y(x)$ mit $y(x_0) = x_0$. Die Forderung $y(x_0) = x_0$ könnte durch weitere Programmschritte berucksichtigt werden. Wir werden dazu noch ein Beispiel betrachten. Da aber auch durchaus der Fall eintreten kann, daß eine analytische Auflösung nicht möglich ist, erscheint es im allgemeinen günstiger, (2.12) selbst zu inspizieren.

Beispiel:

$$y' = xy^2\,, \quad y(0) = 3\,.$$

```
In[1]:= a[x_]:= x;
        b[y_]:= y^2;
In[3]:= sdaw[0,3]
Out[3]= {{y -> 6/(2 - 3*x^2)}}
```

Die erhaltene Auflösung hat Pole bei $-\sqrt{\frac{2}{3}}$ und $\sqrt{\frac{2}{3}}$.

Also ist

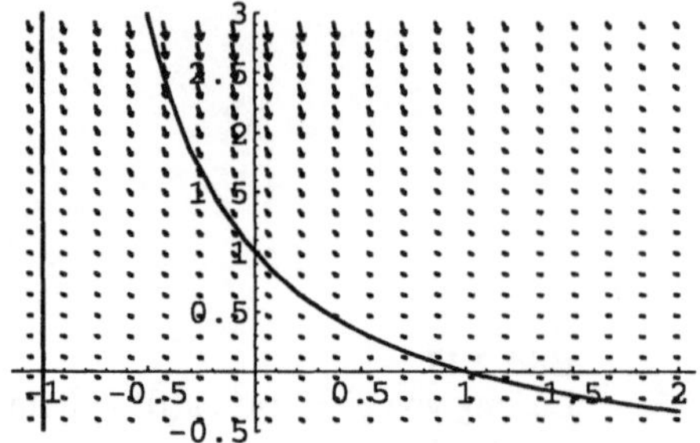

Bild 2.18
Losung von $y' = -\frac{1+y^2}{1+x^2}$, $y(0) = 1$ im Richtungsfeld

$$y(x) = \frac{6}{2-3x^2}, \quad -\sqrt{\frac{2}{3}} < x < \sqrt{\frac{2}{3}}$$

die gesuchte Lösung des Anfangswertproblems.
Beispiel:

$$y' = -\frac{1+y^2}{1+x^2}, \quad y(0) = 1 .$$

```
In[1]:= a[x_]:= -1/(1+x^2);
        b[y_]:= 1+y^2;
In[3]:= sdaw[0,1]
Out[3]= {{y -> Tan[(Pi - 4*ArcTan[x])/4]}}
```

Dies könnte man noch unter Verwendung des Additionstheorems für den Tangens zu

$$y(x) = \frac{1-x}{1+x}, \quad -1 < x ,$$

umformen.
Beispiel:

$$y' = xy^3 , \quad y(0) = 3 .$$

```
In[1]:= a[x_]:= x;
        b[y_]:= y^3;
In[3]:= sdaw[0,3]
Out[3]=
{{y -> 3/(1 - 9*x^2)^(1/2)}, {y -> -3/(1 - 9*x^2)^(1/2)}}
```

Wir haben hier zwei Auflosungen von (2.12) bekommen, aber nur die erste erfüllt die gewünschte Anfangsbedingung.

Die gesuchte Losung des Anfangswertproblems lautet

$$y(x) = \frac{3}{\sqrt{1-9x^2}}, \quad -\frac{1}{3} < x < \frac{1}{3} .$$

Zum Vergleich:

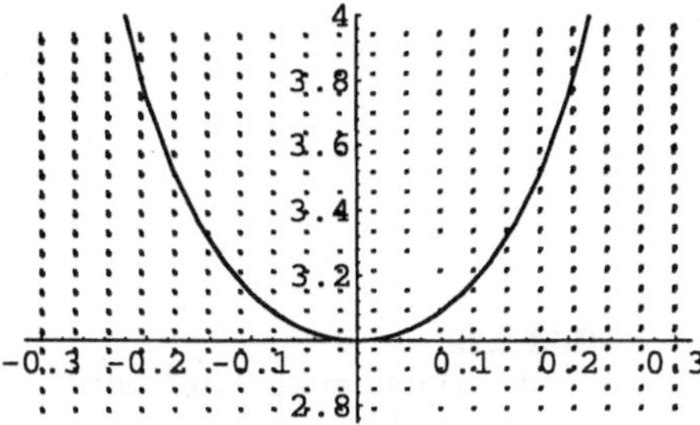

Bild 2.19
Losung von $y' = xy^3$, $y(0) = 3$ im Richtungsfeld

```
In[4]:= DSolve[{y'[x]==x y[x]^3,y[0]==3},y[x],x]
Out[4]= {{y[x] -> -I/(-1/9 + x^2)^(1/2)},
         {y[x] -> I/(-1/9 + x^2)^(1/2)}}
```

Um die richtige Alternative aus den möglichen Auflösungen herauszufinden, hätte man den Block sdaw folgendermaßen erweitern können:

```
sdawe[x0_,y0_]:=Block[{as,bs,l,i,n,m,s1,yaw},
                    as=Integrate[a[t],{t,x0,x}];
                    bs=Integrate[1/b[t],{t,y0,z}];
                    l=Solve[bs==as,z];
                    s1=z/.l;
                    n=Length[s1];
                    Do[loes=s1[[j]];l0[j]=loes/.x->x0,{j,1,n}];
                    i=1;
                    While[i<=n,
                    If[l0[i]===y0,m=i;i=n+1,i++]
                         ];
                    yaw=s1[[m]]
                    ]
```

Dies ergibt für das vorliegende Beispiel:

```
In[5]:= sdawe[0,3]
Out[5]= {{y -> 3/(1 - 9*x^2)^(1/2)}}
```

Wir halten es aber für besser, diese Alternative nicht weiter zu verfolgen, sondern im Einzelfall die Ergebnisse zu analysieren.
Beispiel:

$$y' = 2y - 3y^3 , \quad y(0) = 1 .$$

```
In[1]:= a[x_]:= 1;
        b[y_]:= 2 y-3 y^2;
In[3]:= sdaw[0,1]
Out[3]=
Solve[x == (Log[y] - Log[-2 + 3*y])/2, y]
```

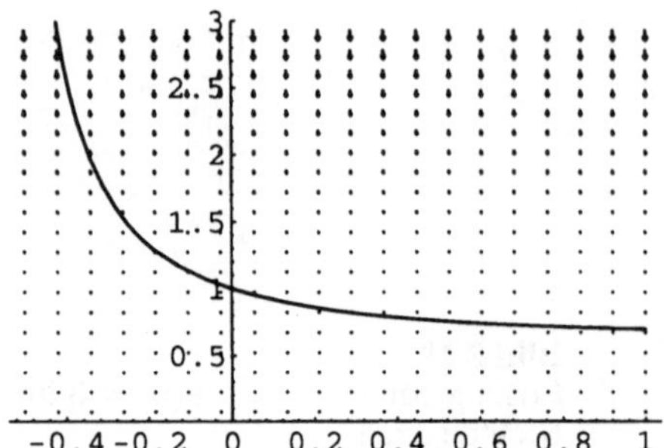

Bild 2.20
Lösung von $y' = 2y - 3y^3$, $y(0) = 1$ im Richtungsfeld

Hier bekommen wir die Gleichung (2.12). Wir können sie leicht auflösen:

$$y(x) = \frac{2}{3 - e^{-2x}}, \quad -\frac{1}{2}\ln(3) < x .$$

Mathematica-Programm:
zur Herstellung der allgemeinen Lösung.

```
sda:=Block[{as,bs,ya},
            as=Integrate[a[x],x];
            bs=Integrate[1/b[y],y];
            ya=Solve[bs==as+c,y]
          ]
```

Beispiel:

$$y' = xy^2 .$$

```
In[1]:= a[x_]:= x;
        b[y_]:= y^2;
In[3]:= sda
Out[3]= {{y -> 2/(-2*c - x^2)}}
```

Also

$$y(x) = -\frac{2}{2c + x^2} .$$

Falls $c > 0$ existiert diese Lösung für alle $x \in \mathbb{R}$. Falls $c < 0$ haben wir jeweils eine Lösungen in $x < -\sqrt{2|c|}$, in $-\sqrt{2|c|} < x < \sqrt{2|c|}$ und in $x < \sqrt{2|c|}$ und für $c = 0$ in $x < 0$ und $x > 0$.
Beispiel:

$$y' = \frac{e^y - y}{x} .$$

```
In[1]:= a[x_]:= 1/x;
        b[y_]:= Exp[y]-y;
In[3]:= sda
Out[3]=
Solve[Integrate[(E^y - y)^(-1), y] == c + Log[x], y]
```

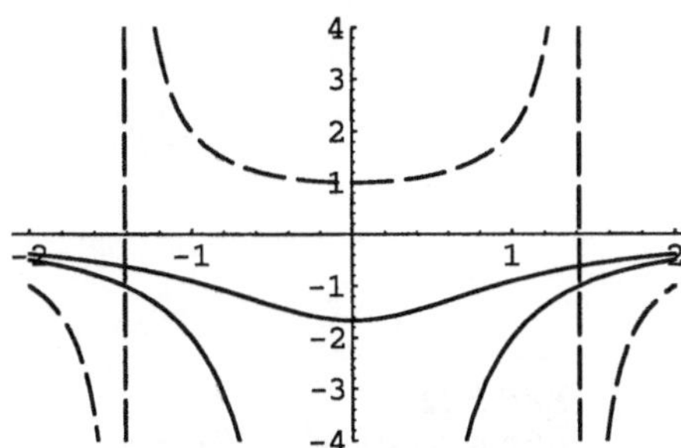

Bild 2.21
Losungen von $y' = xy^2$

Man erkennt hieran, daß die Stammfunktion $\tilde{b}(y)$ von

$$\frac{1}{b(y)} = \frac{1}{e^y - y}$$

nicht weiter vereinfacht werden kann und sich die allgemeine Lösung aus der Gleichung

$$\int \frac{1}{e^y - y} \, \mathrm{d}y = \log(x) + c$$

ergibt.

2.5 Einige spezielle Typen nichtlinearer Differentialgleichungen

In diesem Abschnitt sollen einige Typen nichtlinearer Differentialgleichungen betrachtet werden, die man auf bereits losbare Typen - also lineare oder separierbare - zurückführen kann.

2.5.1 Differentialgleichungen vom Typ $y' = g(\alpha x + \beta y + \gamma)$

Sei

$$y' = g(\alpha x + \beta y + \gamma)\,, \quad \beta \neq 0$$

mit einer in einem Intervall stetig differenzierbaren Funktion g und Konstanten α, β, γ. Es liegt nahe, die Variable

$$u = \alpha x + \beta y + \gamma$$

einzuführen. Wegen

$$y = \frac{1}{\beta}(u - \alpha x - \gamma)$$

erhalten wir für u die Differentialgleichung

$$u' = \beta g(u) + \alpha\,,$$

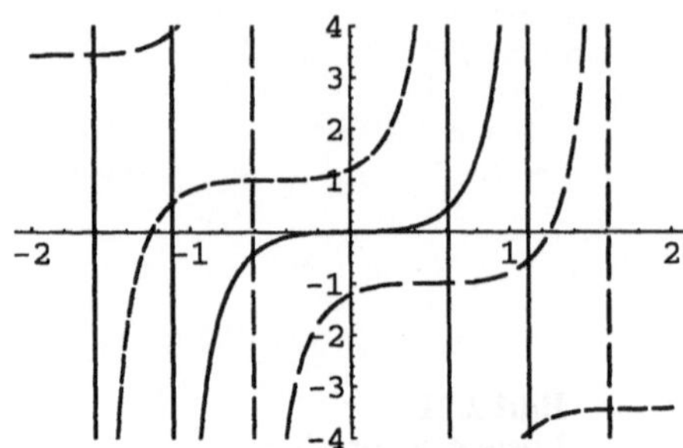

Bild 2.22
Lösungen von $y' = (2x + y)^2$

die durch Trennung der Veränderlichen gelöst werden kann.
Beispiel:

$$y' = (2x + y)^2 .$$

Wir überführen diese Gleichung mit $u = 2x + y$ in

$$u' = u^2 + 2 .$$

Die neue Gleichung bearbeiten wir mit `DSolve`:

```
In[1]:= DSolve[u'[x]==u[x]^2+2,u[x],x]
Out[1]= {{u[x] -> 2^(1/2)*Tan[2^(1/2)*(x + C[1])]}}
```

Die allgemeine Lösung der Ausgangsgleichung lautet dann

$$y(x) = \sqrt{2}\tan(\sqrt{2}(x + c)) - 2x .$$

2.5.2 Die Ähnlichkeitsdifferentialgleichung

Eine Differentialgleichung der Gestalt

$$y' = g\left(\frac{y}{x}\right) , \quad x \neq 0$$

mit einer stetig differenzierbaren Funktion $g(u)$ bezeichnen wir als Ähnlichkeitsdifferentialgleichung.
Hier liegt es nahe, die Variable

$$u = \frac{y}{x}$$

einzuführen. Mit

$$y = ux$$

erhalten wir für u die separierbare Differentialgleichung

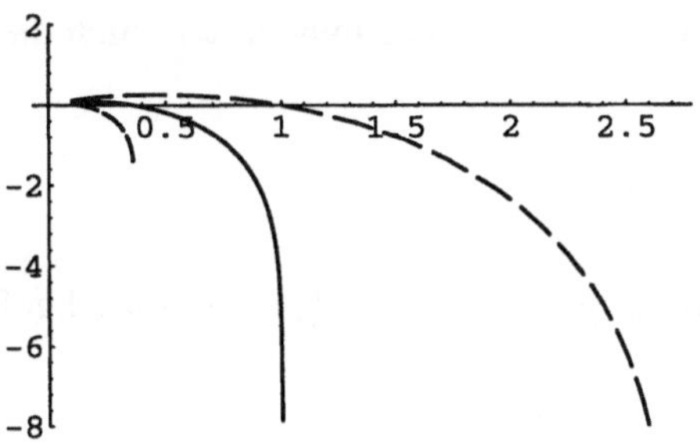

Bild 2.23
Lösungen von $y' = -e^{-y/x} + y/x$

$$u' = \frac{g(u) - u}{x}.$$

Wir schließen hierbei noch den Sonderfall $g(u) = u$ für alle $u \in I$ aus. In diesem Fall ergibt sich die allgemeine Lösung

$$u(x) = c \quad \text{bzw.} \quad y(x) = cx$$

aus

$$u' = 0 \quad \text{bzw.} \quad y' = \frac{y}{x}.$$

Beispiel:

$$y' = -e^{-\frac{y}{x}} + \frac{y}{x}, \qquad x > 0.$$

Mit $u = y/x$ finden wir die Gleichung

$$u' = -\frac{e^{-u}}{x},$$

die wir mit `DSolve` bearbeiten:

```
In[1]:= DSolve[u'[x]==-Exp[-u[x]]/x,u[x],x]
Out[1]= {{u[x] -> Log[-C[1] - Log[x]]}}
```

Damit ergibt sich die Lösung der Ähnlichkeitsdifferentialgleichung zu

$$y(x) = -x\ln\left(-(c + \ln(x))\right), \qquad c + \ln(x) < 0 \quad 0 > x > e^{-c}.$$

2.5.3 Differentialgleichungen vom Typ $y' = g((\alpha x + \beta y + \gamma)/(ax + by + d))$

Mit Hilfe der beiden vorausgegangenen Typen von Differentialgleichungen können wir nun Gleichungen vom Typ

$$y' = g\left(\frac{\alpha x + \beta y + \gamma}{ax + by + d}\right)$$

mit Konstanten α, β, γ und a, b, d behandeln. Bei diesem Typ müssen wir auch die unabhängige Variable transformieren.
Falls

$$\det \begin{pmatrix} \alpha & \beta \\ a & b \end{pmatrix} = 0$$

kann die Gleichung auf den ersten Typ, also auf $y' = \tilde{g}(\alpha x + \beta y + \gamma)$ zurückgeführt werden.
Falls

$$\det \begin{pmatrix} \alpha & \beta \\ a & b \end{pmatrix} \neq 0$$

führen wir die neuen Variablen

$$\xi = x - x_0\,, \quad u = y - y_0$$

ein mit der eindeutigen Losung (x_0, y_0) des Systems

$$\begin{aligned} \alpha x_0 + \beta y_0 + \gamma &= 0\,, \\ a x_0 + b y_0 + d &= 0\,. \end{aligned}$$

Fur die Funktion

$$u(\xi) = y(\xi + x_0) - y_0$$

ergibt sich dann die Gleichung

$$\frac{\mathrm{d}u}{\mathrm{d}\xi} = g\left(\frac{\alpha(\xi + x_0) + \beta(u + y_0) + \gamma}{a(\xi + x_0) + b(u + y_0) + d}\right) = g\left(\frac{\alpha\xi + \beta u}{a\xi + bu}\right)$$

bzw.

$$\frac{\mathrm{d}u}{\mathrm{d}\xi} = g\left(\frac{\alpha + \beta\frac{u}{\xi}}{a + b\frac{u}{\xi}}\right),$$

also eine Ähnlicheitksdifferentialgleichung.

2.5.4 Die Bernoullische Differentialgleichung

Eine Differentialgleichung vom Typ

$$y' + a(x)y = b(x)y^{\alpha}$$

mit stetigen Funktionen $a(x)$ und $b(x)$ und $\alpha \in \mathbb{R}$ heißt Bernoullische Differentialgleichung. Die Fälle $\alpha = 0$ und $\alpha = 1$ sind bereits bekannt; sie stellen lineare Differentialgleichungen dar.
In den anderen Fällen mussen wir im allgemeinen wegen

$$y^{\alpha} = e^{\ln(y)\alpha}$$

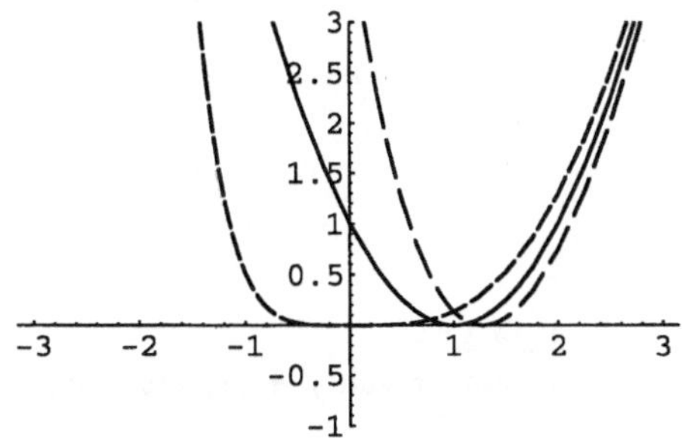

Bild 2.24
Losungen von $y' + 2y = 2xy^{1/2}$

die Differentialgleichung fur $y > 0$ betrachten.
Wir multiplizieren sie mit dem Faktor

$$(1-\alpha)y^{-\alpha}$$

und erhalten die lineare inhomogene Differentialgleichung

$$u' + (1-\alpha)a(x)u = (1-\alpha)b(x)$$

für die Variable

$$u = y^{1-\alpha}\,.$$

Die Lösung der Bernoullischen Gleichung bekommen wir dann durch

$$y = u^{\frac{1}{1-\alpha}}\,.$$

Beispiel:

$$y' + 2y = 2x\sqrt{y}\,.$$

Lineare Differentialgleichung für $u = \sqrt{y}$:

$$u' + u = x\,.$$

Lösung mit `DSolve`:

```
In[1]:= DSolve[u'[x]+ u[x]==x,u[x],x]
Out[1]= {{u[x] -> -1 + x + C[1]/E^x}}
```

Lösung der Bernoulligleichung:

$$y(x) = \left(ce^{-x} + x - 1\right)^2\,.$$

Beispiel:

$$y' + \frac{1}{x}y = \ln(x)y^2\,.$$

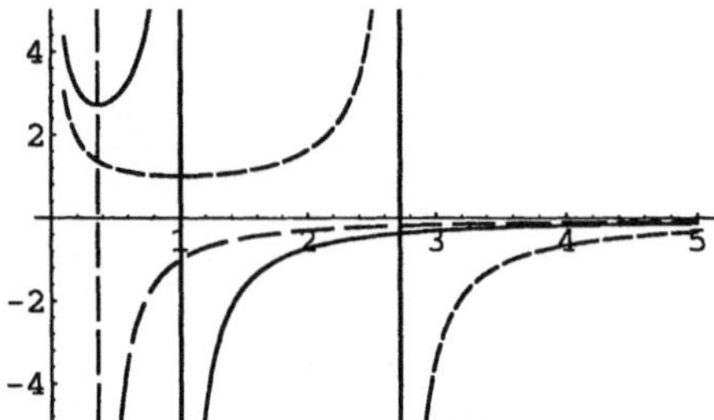

Bild 2.25
Losungen von $y' + (1/x)y = \log(x)y^2$

Lineare Differentialgleichung für $u = \frac{1}{y}$:

$$u' - \frac{1}{x}u = -\ln(x)\,.$$

Lösung mit DSolve:

```
In[1]:= DSolve[u'[x]-(1/x) u[x]==-Log[x],u[x],x]
Out[1]= {{u[x] -> x*C[1] - (x*Log[x]^2)/2}}
```

Lösung der Bernoulligleichung:

$$y(x) = \frac{1}{cx - x\ln(x)}\,.$$

2.6 Exakte Differentialgleichungen

Sei $D \subset \mathbb{R}^2$ ein Gebiet.
Seien

$$A : D \longrightarrow \mathbb{R} \quad \text{und} \quad B : D \longrightarrow \mathbb{R}$$

stetig differenzierbar Funktionen mit $A^2(x, y) + B^2(x, y) > 0$ für $(x, y) \in D$.

Definition 2.8 Durch die Differentialform

$$A(x, y)\mathrm{d}x + B(x, y)\mathrm{d}y = 0 \tag{2.13}$$

wird eine exakte Differentialgleichung gegeben, wenn eine zweimal stetig differenzierbare Funktion

$$G : D \longrightarrow \mathbb{R}$$

existiert mit

$$\frac{\partial}{\partial x}G(x, y) = A(x, y) \quad \text{und} \quad \frac{\partial}{\partial y}G(x, y) = B(x, y)$$

für alle alle $(x, y) \in D$.

Definition 2.9 Eine reguläre Kurve

$$(x(s), y(s)), s \in I, \quad \left(\frac{\mathrm{d}}{\mathrm{d}s}x(s)\right)^2 + \left(\frac{\mathrm{d}}{\mathrm{d}s}y(s)\right)^2 > 0$$

heißt Lösung von (2.13), wenn

$$A(x(s), y(s))\frac{\mathrm{d}}{\mathrm{d}s}x(s) + B(x(s), y(s))\frac{\mathrm{d}}{\mathrm{d}s}y(s) = 0$$

für alle $s \in I$.

Eine Kurve stellt also genau dann eine Lösung von (2.13) dar, wenn mit einer Stammfunktion G und einer Konstanten c

$$G(x(s), y(s)) = c$$

gilt. (Das heißt, die Stammfunktion G ist konstant längs der Kurve).
Dies folgt sofort aus

$$\frac{\mathrm{d}}{\mathrm{d}s}G(x(s), y(s)) = \left.\frac{\partial G}{\partial x}\right|_{(x(s),y(s))}\frac{\mathrm{d}}{\mathrm{d}s}x(s) + \left.\frac{\partial G}{\partial y}\right|_{(x(s),y(s))}\frac{\mathrm{d}}{\mathrm{d}s}y(s) = 0\,.$$

Wie stellt man die Lösungskurven praktisch dar?
Sei (x_0, y_0) ein Punkt aus D, der

$$G(x_0, y_0) = c$$

mit einer beliebigen Konstanten c erfüllt.
Nach dem Satz über implizite Funktionen gibt es (bis auf die Parametrisierung) genau eine Kurve durch den Punkt (x_0, y_0), die

$$G(x(s), y(s)) = c$$

erfüllt. Diese Kurve läßt sich lokal in der Form

$$y \longrightarrow (x(y), y), \quad \text{falls} \quad \frac{\partial}{\partial x}G(x_0, y_0) = A(x_0, y_0) \neq 0$$

oder in der Form

$$x \longrightarrow (x, y(x)), \quad \text{falls} \quad \frac{\partial}{\partial y}G(x_0, y_0) = B(x_0, y_0) \neq 0$$

darstellen.
Durch diese Auflösung wird man auf die Differentialgleichungen

$$\frac{\mathrm{d}}{\mathrm{d}y}x(y) = -\frac{B(x(y),y)}{A(x(y),y)}$$

oder

$$\frac{\mathrm{d}}{\mathrm{d}x}y(x) = -\frac{A(x,y(x))}{B(x,y(x))}$$

geführt. Sie stehen mit der exakten Differentialgleichung (2.13) in einer umkehrbar eindeutigen Beziehung. Die Frage nach der Existenz und Eindeutigkeit ihrer Losungen kann auch mit Hilfe der Stammfunktion G positiv beantwortet werden.
Umgekehrt wird man häufig versuchen, Differentialgleichungen dadurch zu lösen, daß man sie als exakte Differentialgleichung auffaßt.

Wie sieht man einer Differentialform an, ob sie exakt ist, und wie findet man dann eine Stammfunktion?
Eine notwendige Bedingung für die Exaktheit ergibt sich folgendermaßen:
Aus

$$\frac{\partial}{\partial x}G(x,y) = A(x,y) \quad \text{und} \quad \frac{\partial}{\partial y}G(x,y) = B(x,y)$$

erhält man

$$\frac{\partial^2}{\partial y \partial x}G(x,y) = \frac{\partial}{\partial y}A(x,y) \quad \text{und} \quad \frac{\partial^2}{\partial x \partial y}G(x,y) = \frac{\partial}{\partial x}B(x,y)$$

und mit der Vertauschbarkeit der partiellen Ableitungen

$$\frac{\partial}{\partial y}A(x,y) = \frac{\partial}{\partial x}B(x,y)\,. \tag{2.14}$$

Diese Exaktheitsbedingung laßt sich leicht mit *Mathematica* nachprüfen, indem man `D[a[x,y],y]-D[b[x,y],x]` ausrechnet.

Wir können uns im folgenden auf kreisformige Gebiete einschränken und zeigen den:

Satz 2.5 *Sei*

$$D = \{(x,y)| \quad (x-x_0)^2 + (y-y_0)^2 < r\,, \quad r > 0\}\,.$$

Dann ist die Bedingung (2.14) hinreichend für die Existenz einer Stammfunktion auf D.

Beweis: Wir bestätigen durch Nachrechnen, daß das Wegintegral

$$G(x,y) = \int_{x_0}^{x} A(\xi,y_0)\,\mathrm{d}\xi + \int_{y_0}^{y} B(x,\eta)\,\mathrm{d}\eta \tag{2.15}$$

eine Stammfunktion darstellt:

$$\begin{aligned}
\frac{\partial}{\partial x}G(x,y) &= A(x,y_0) + \int_{y_0}^{y} \frac{\partial}{\partial x}B(x,\eta)\,\mathrm{d}\eta \\
&= A(x,y_0) + \int_{y_0}^{y} \frac{\partial}{\partial y}A(x,\eta)\,\mathrm{d}\eta \\
&= A(x,y_0) + A(x,y) - A(x,y_0) \\
&= A(x,y)
\end{aligned}$$

und ebenso

$$\frac{\partial}{\partial y} G(x,y) = B(x,y)\,.$$

□

Bemerkung: Die Stammfunktion (2.15) hat die Eigenschaft

$$G(x_0, y_0) = 0\,.$$

Zwei Stammfunktionen konnen sich nur durch eine Konstante unterscheiden.
Ferner kann die Aussage des Satzes 2.5 sofort auf einfach zusammenhängende Gebiete erstreckt werden.

Man kann die Stammfunktion (2.15) auch bestimmen, indem man zunächst eine der beiden Differentialgleichungen

$$\frac{\partial}{\partial x} G(x,y) = A(x,y) \quad \text{bzw} \quad \frac{\partial}{\partial y} G(x,y) = B(x,y)$$

lost und dann das Resultat in die andere einsetzt.
Dies ergibt im ersten Schritt

$$G(x,y) = \int_{x_0}^{x} A(\xi, y)\,\mathrm{d}\xi + a(y) \quad \text{bzw} \quad G(x,y) = \int_{y_0}^{y} B(x,\eta)\,\mathrm{d}\eta + b(x)\,.$$

Im zweiten Schritt bestimmt man die Funktionen $a(y)$ bzw. $b(x)$.
Einsetzen liefert:

$$\frac{\mathrm{d}}{\mathrm{d}y} a(y) = B(x,y) - \int_{x_0}^{x} \frac{\partial}{\partial y} A(\xi, y)\,\mathrm{d}\xi = \alpha(y)$$

bzw.

$$\frac{\mathrm{d}}{\mathrm{d}x} b(x) = A(x,y) - \int_{y_0}^{y} \frac{\partial}{\partial x} B(x,\eta)\,\mathrm{d}\eta = \beta(x)\,.$$

Hierbei ist noch zu berücksichtigen, daß

$$\frac{\partial}{\partial x}\left(B(x,y) - \int_{x_0}^{x} \frac{\partial}{\partial y} A(\xi,y)\,\mathrm{d}\xi\right) = \frac{\partial}{\partial x} B(x,y) - \frac{\partial}{\partial y} A(x,y) = 0$$

bzw.

$$\frac{\partial}{\partial y}\left(A(x,y) - \int_{y_0}^{y} \frac{\partial}{\partial x} B(x,\eta)\,\mathrm{d}\eta\right) = \frac{\partial}{\partial y} A(x,y) - \frac{\partial}{\partial x} B(x,y) = 0\,.$$

Wir bekommen damit

$$a(y) = \int_{y_0}^{y} \alpha(\eta)\,\mathrm{d}\eta \quad \text{bzw.} \quad b(x) = \int_{x_0}^{x} \beta(\xi)\,\mathrm{d}\xi$$

und die Stammfunktion

$$G(x,y)=\int_{x_0}^{x}A(\xi,y)\,\mathrm{d}\xi+\int_{y_0}^{y}\alpha(\eta)\,\mathrm{d}\eta=\int_{y_0}^{y}B(x,\eta)\,\mathrm{d}\eta+\int_{x_0}^{x}\beta(\xi)\,\mathrm{d}\xi \tag{2.16}$$

mit der Eigenschaft $G(x_0,y_0)=0$.

Wenn eine gegebene Differentialgleichung

$$A(x,y)\mathrm{d}x+B(x,y)\mathrm{d}y=0$$

auf dem einfach zusammenhängenden Gebiet D nicht exakt ist, dann kann man versuchen, durch Multiplikation mit einer Funktion $M(x,y)$ eine exakte Differentialgleichung

$$M(x,y)A(x,y)\mathrm{d}x+M(x,y)B(x,y)\mathrm{d}y=0$$

herzustellen. M heißt dann Eulerscher Multiplikator oder integrierender Faktor. Die Exaktheitsforderung fuhrt auf die folgende Bedingung für M:

$$\frac{\partial}{\partial y}(M(x,y)A(x,y))=\frac{\partial}{\partial x}(M(x,y)B(x,y))$$

und weiter

$$B(x,y)\frac{\partial}{\partial x}M(x,y)-A(x,y)\frac{\partial}{\partial y}M(x,y)$$
$$=M(x,y)\left(\frac{\partial}{\partial y}A(x,y)-\frac{\partial}{\partial x}B(x,y)\right).$$

Diese Bedingung stellt eine partielle Differentialgleichung dar, deren weitere Behandlung nur unter zusätzlichen Annahmen sinnvoll ist. Wir betrachten hier zwei Fälle:

1)

$$\frac{\partial}{\partial y}\left(\frac{\frac{\partial}{\partial y}A(x,y)-\frac{\partial}{\partial x}B(x,y)}{B(x,y)}\right)=0\,,$$

2)

$$\frac{\partial}{\partial x}\left(\frac{\frac{\partial}{\partial y}A(x,y)-\frac{\partial}{\partial x}B(x,y)}{A(x,y)}\right)=0\,.$$

Im Fall 1) hängt $M(x,y)$ offenbar nur von x ab und $M(x,y)=M(x)$ bestimmt sich aus der gewöhnlichen Differentialgleichung

$$\frac{\mathrm{d}}{\mathrm{d}x}M(x)=M(x)\frac{\frac{\partial}{\partial y}A(x,y)-\frac{\partial}{\partial x}B(x,y)}{B(x,y)}$$

und im Fall 2) hängt $M(x,y)$ offenbar nur von y ab und $M(x,y)=M(y)$ bestimmt sich aus

$$\frac{\mathrm{d}}{\mathrm{d}y}M(y)=-M(y)\frac{\frac{\partial}{\partial y}A(x,y)-\frac{\partial}{\partial x}B(x,y)}{A(x,y)}\,.$$

Lösungen mit *Mathematica*

Algorithmus:
zum Auffinden einer Stammfunktion für die exakte Differentialgleichung

$$A(x,y)\mathrm{d}x + B(x,y)\mathrm{d}y = 0$$

mit der Methode des Wegintegrals (2.15):

1. Führe die Integration
$$\tilde{A}(x) = \int_{x_0}^{x} A(\xi, y_0)\,\mathrm{d}\xi$$
aus.
2. Führe die Integration
$$\tilde{B}(x,y) = \int_{y_0}^{y} B(x,\eta)\,\mathrm{d}\eta$$
aus.
3. Setze
$$G(x,y) = \tilde{A}(x) + \tilde{B}(x,y)\,.$$

Bemerkung: Da der Anfangspunkt (x_0, y_0) beliebig war, beinhaltet die letzte Gleichung auch die allgemeine Lösung.

Mathematica-Programm:

```
sfw:=Block[{as,bs,g},
          as=Integrate[a[xi,y0],{xi,x0,x}];
          bs=Integrate[b[x,eta],{eta,y0,y}];
          g=as+bs;
          Simplify[g]
          ]
```

Beispiel:

$$xe^{2y}\mathrm{d}x + x^2e^{2y}\mathrm{d}y = 0\,.$$

Wir können diese exakte Differentialgleichung auf jedem einfach zusammenhängenden Gebiet betrachten, das einen leeren Durchschnitt mit der y-Achse hat, also z.B. auf der rechten ($x > 0$) oder linken ($x < 0$) Halbebene. Für die Integration kann ein beliebiger Ausgangspunkt (x_0, y_0) mit $x_0 \neq 0$ gewählt werden.

```
In[1]:= a[x_,y_]:=x Exp[2 y];
        b[x_,y_]:=x^2 Exp[2 y];
In[3]:= sfw
Out[3]= (E^(2*y)*x^2 - E^(2*y0)*x0^2)/2
```

Also

$$g(x,y) = \frac{1}{2}\left(x^2 e^{2y} - x_0^2 e^{2y_0}\right) .$$

Wenn man die Lösungen der exakten Differentialgleichung explizit haben möchte, muß man die Gleichung $g(x,y) = 0$ nach y oder x auflosen. Das Beispiel macht noch einmal auf das Problem mit der Auflosung aufmerksam:

```
In[4]:= ya=Solve[g==0,y]
Out[4]= {{y -> Log[(E^y0*x0)/x]}, {y -> Log[-((E^y0*x0)/x)]}}
```

Eine der beiden von *Mathematica* gefundenen Lösungen liegt im Komplexen. Die von uns benötigte eindeutige Auflosung nach y lautet:

$$y = \frac{1}{2}\ln\left(\frac{x_0^2 e^{2y_0}}{x^2}\right) .$$

Da im Definitionsbereich der vorliegenden exakten Differentialgleichung stets $\frac{x_0}{x} > 0$ ist, lauten die Losungskurven (in der rechten und linken Halbebene gleich):

$$y = \ln\left(\frac{x_0}{x}\right) + y_0 ,$$

was man natürlich sofort durch Übergehen von der exakten Differentialgleichung zur Differentialgleichung

$$\frac{\mathrm{d}}{\mathrm{d}x}y(x) = -\frac{1}{x}$$

bestätigen kann.

Algorithmus:
zum Auffinden einer Stammfunktion für die exakte Differentialgleichung

$$A(x,y)\mathrm{d}x + B(x,y)\mathrm{d}y = 0$$

mit der Methode der Differentialgleichungen (2.16) (erste Alternative):

1. Führe die Integration
$$\tilde{A}(x,y) = \int_{x_0}^{x} A(\xi,y)\,\mathrm{d}\xi$$
aus.

2. Bilde
$$\alpha(y) = B(x,y) - \frac{\partial}{\partial y}\tilde{A}(x,y) .$$

3. Führe die Integration
$$a(y) = \int_{y_0}^{y} \alpha(\eta)\,\mathrm{d}\eta$$
aus.

4. Setze
$$G(x,y) = \tilde{A}(x,y) + a(y)\,.$$

Bemerkung: Wiederum beinhaltet die letzte Gleichung auch die allgemeine Lösung, da der Anfangspunkt (x_0, y_0) beliebig war.

Mathematica-Programm:

```
sfd:=Block[{ak,g},
          as[x_,y_]:=Integrate[a[xi,y],{xi,x0,x}];
          al[y_]:=b[x,y]-D[as[x,y],y];
          ak=Integrate[al[eta],{eta,y0,y}];
          g=as[x,y]+ak;
          Simplify[g]
         ]
```

Beispiel:
$$e^{-x}(2x - x^2 - y^2)\mathrm{d}x + e^{-x}2y\,\mathrm{d}y = 0\,.$$

Die Funktionen $A(x,y) = e^{-x}(2x - x^2 - y^2)$ und $B(x,y) = e^{-x}2y$ verschwinden nur im Punkt $(0,0)$ gemeinsam, so daß die Gleichung in jedem einfach zusammenhängenden Gebiet betrachtet werden kann, das den Nullpunkt nicht enthält.

```
In[1]:= a[x_,y_]:=Exp[-x] (2 x-x^2-y^2);
        b[x_,y_]:=Exp[-x] 2 y;
In[3]:= sfd
Out[3]= x^2/E^x - x0^2/E^x0 + y^2/E^x - y0^2/E^x0
```

Also
$$g(x,y) = e^{-x}(x^2 + y^2) - e^{-x_0}(x_0^2 + y_0^2)$$

Algorithmus:
zum Auffinden eines von der Variablen x oder y alleine abhängigen Multiplikators der Differentialform
$$A(x,y)\mathrm{d}x + B(x,y)\mathrm{d}y = 0\,.$$

1. (a) Bilde
$$\alpha(x,y) = \frac{\frac{\partial}{\partial y}A(x,y) - \frac{\partial}{\partial x}B(x,y)}{B(x,y)}\,.$$

   (b) Berechne
$$\tilde{\alpha}(x,y) = \frac{\partial}{\partial y}\alpha(x,y)\,.$$

2. (a) Falls
$$\tilde{\alpha}(x,y) = 0\,,$$
   setze
$$M(x) = e^{\int_{x_0}^{x} \alpha(\xi,y)\,\mathrm{d}\xi}\,.$$

(b) Falls

$$\tilde{\alpha}(x,y) \neq 0\,,$$

i. A. bilde

$$\beta(x,y) = \frac{\frac{\partial}{\partial y}A(x,y) - \frac{\partial}{\partial x}B(x,y)}{A(x,y)}\,,$$

B. berechne

$$\tilde{\beta}(x,y) = \frac{\partial}{\partial x}\beta(x,y)\,,$$

ii. A. falls

$$\tilde{\beta}(x,y) = 0\,,$$

setze

$$M(y) = e^{-\int_{y_0}^{y} \beta(x,\eta)\,\mathrm{d}\eta}\,,$$

B. falls

$$\tilde{\beta}(x,y) \neq 0\,,$$

gibt es keinen Multiplikator der gesuchten Art.

Mathematica-Programm:

```
mul:=Block[{alsi},
          al[x_,y_]:=(D[a[x,y],y]-D[b[x,y],x])/b[x,y];
          alsi=Simplify[D[al[x,y],y]];
          Print["alsi(x,y)=",alsi];
          If[alsi[x,y]===0,mux,vmuy]
         ]

vmuy:=Block[{besi},
           be[x_,y_]:=(D[a[x,y],y]-D[b[x,y],x])/a[x,y];
           besi=Simplify[D[be[x,y],x]];
           Print["besi(x,y)=",besi];
           If[besi===0,muy,Print["Kein Multiplikator"]]
          ]

mux:=Block[{mx},
           mx=Exp[Integrate[al[xi,y],{xi,x0,x}]];
           Print["m(x)=",mx]
         ]

muy:=Block[{my},
           my=Exp[-Integrate[be[x,eta],{eta,y0,y}]];
           Print["m(y)=",my]
         ]
```

Der Block `mul` prüft, ob die Voraussetzung für einen von x alleine abhängigen Multiplikator erfüllt ist. Dies wird durch die Ausgabe `alsi(x,y)=0` angezeigt. Der Block `vmuy` prüft dann, ob die Voraussetzung für einen von y alleine abhängigen Multiplikator erfullt ist. Dies wird durch die Ausgabe `besi(x,y)=0` angezeigt. Die Blöcke `mux` und `muy` rechnen die Multiplikatoren aus.
Man kann nun einen Multiplikator suchen, indem man die Funktionen $A(x, y)$ und $B(x, y)$ eingibt und dann den Block `mul` aufruft. Dabei muß stets in einem Gebiet operiert werden, in dem $A(x, y)$ und $B(x, y)$ nicht gleichzeitig verschwinden.
Beispiel:

$$(x^2 + y)\mathrm{d}x + (x + y^2)\mathrm{d}y = 0\,.$$

```
In[1]:= a[x_,y_]:=x^2+y;
        b[x_,y_]:=x+y^2;
In[3]:= mul

alsi(x,y)=0

m(x)=1
```

Das heißt, es wurde der von x alleine abhängige Multiplikator $M(x) = 1$ gefunden, die Differentialform war also bereits exakt.
Beispiel:

$$2x\mathrm{d}x + (x^2 - e^{-y})\mathrm{d}y = 0\,.$$

```
In[1]:= a[x_,y_]:=2 x;
        b[x_,y_]:=x^2-Exp[-y];
In[3]:= mul

alsi(x,y)=(2*E^y*x)/(-1 + E^y*x^2)^2

besi(x,y)=0

m(y)=E^(y - y0)
```

Das heißt, es wurde der von y alleine abhängige Multiplikator

$$M(y) = e^{y-y_0}$$

gefunden.
Beispiel:

$$2x\sin(y)\mathrm{d}x + (x^2 - e^{-y})\mathrm{d}y = 0\,.$$

```
In[1]:= a[x_,y_]:=2 x Sin[y];
        b[x_,y_]:=x^2-Exp[-y];
In[3]:= mul

alsi(x,y)=
(4*E^y*x*Sin[y/2]^2)/(-1 + E^y*x^2)^2 -
(2*x*Sin[y])/(-E^(-y) + x^2)

besi(x,y)=0

m(y)=E^(-2*Log[Cos[y/2]] + 2*Log[Cos[y0/2]])
```

Das heißt, es wurde der von y alleine abhängige Multiplikator

$$M(y) = \frac{\cos(\frac{y_0}{2})^2}{\cos(\frac{y}{2})^2}$$

gefunden.
Beispiel:

$$\sin(y)\mathrm{d}x + e^{xy}\mathrm{d}y = 0\,.$$

```
In[1]:= a[x_,y_]:=Sin[y];
        b[x_,y_]:=Exp[x y];
In[3]:= mul

alsi(x,y)=-((E^(x*y) + x*Cos[y] + Sin[y])/E^(x*y))

besi(x,y)=-(E^(x*y)*y^2*Csc[y])

Kein Multiplikator
```

Das heißt, es wurde kein von x oder von y alleine abhängiger Multiplikator gefunden.

3 Differentialgleichungssysteme erster Ordnung

3.1 Systeme erster Ordnung und Gleichungen n-ter Ordnung

Definition 3.1 In einem Gebiet $D \subseteq \mathbb{R} \times \mathbb{R}^n$ sei eine stetige Funktion G mit Werten in $\mathbb{R}^n$ erklärt. Die Gleichung

$$Y' = G(x, Y) \tag{3.1}$$

wird als Differentialgleichungssystem erster Ordnung bezeichnet.
Verläuft der Graph einer auf einem Intervall I stetig differenzierbaren Funktion F ganz in D

$$\{(x, F(x)) | \quad x \in I\} \subset D$$

und gilt für jedes $x \in I$

$$F'(x) = G(x, F(x)),$$

so heißt F Lösung der Differentialgleichung.

Wir verzichten im allgemeinen wieder auf die unterschiedliche Bezeichnung des Arguments Y von $G(x, Y)$ und der Losung $F(x)$ und schreiben

$$F(x) = Y(x), \quad Y'(x) = G(x, Y(x)).$$

Das System (3.1) und seine Losungen wollen wir als nächstes in Komponentenschreibweise angeben. Benützen wir Koordinaten

$$Y = \begin{pmatrix} y_1 \\ \vdots \\ y_n \end{pmatrix}$$

für die Punkte aus $\mathbb{R}^n$ und Komponenten

$$G = \begin{pmatrix} g_1 \\ \vdots \\ g_n \end{pmatrix}$$

für die Funktion G, so lautet das Differentialgleichungssystem (3.1)

$$\begin{aligned} y_1' &= g_1(x, y_1, \dots, y_n), \\ y_2' &= g_2(x, y_1, \dots, y_n), \\ &\vdots \\ y_n' &= g_n(x, y_1, \dots, y_n), \end{aligned}$$

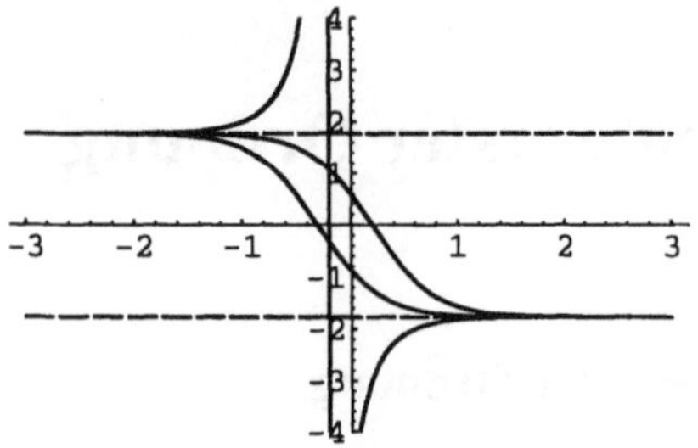

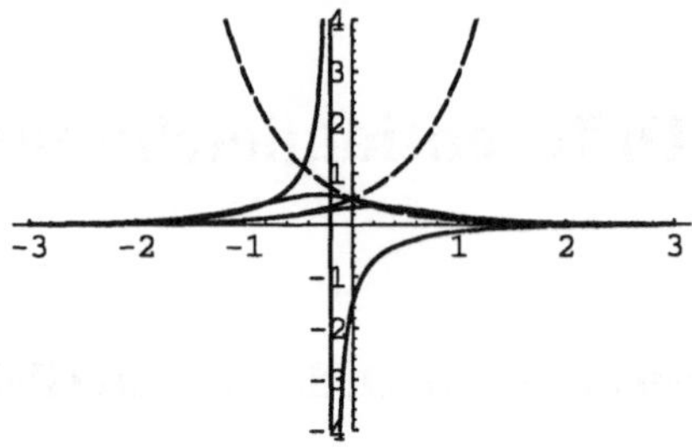

Bild 3.1 Losungen von $y_1' = y_1^2 - \pi \, , y_2' = y_1 y_2$, komponentenweise Darstellung

und eine Lösung

$$F(x) = \begin{pmatrix} f_1(x) \\ \vdots \\ f_n(x) \end{pmatrix}$$

liegt vor, wenn

$$\begin{aligned} f_1'(x) &= g_1(x, f_1(x), \ldots, f_n(x)) \, , \\ f_2'(x) &= g_2(x, f_1(x), \ldots, f_n(x)) \, , \\ &\vdots \\ f_n'(x) &= g_n(x, f_1(x), \ldots, f_n(x)) \, , \end{aligned}$$

ist.

Die Lösungen eines Systems kann man sich veranschaulichen, indem man den Graphen jeder Komponente zeichnet. Im Fall $n = 2$ kann man den Graphen der Lösung als Integralkurve $(x, y_1(x), y_2(x))$ im $\mathbb{R}^3$ zeichnen. Man muß dazu zuerst das Paket `Graphics'ParametricPlot3D'` laden und anschließend mit dem Befehl `ParametricPlot3D` arbeiten. Ist das System automom, dies bedeutet, daß die rechte Seite von (3.1) nicht explizit von x abhängt, dann veranschaulicht man sich im Fall $n = 2, 3$ die Lösungen $(y_1(x), y_2(x))$ bzw. $(y_1(x), y_2(x), y_3(x))$ als Trajektorien (Bahnkurven) im Phasenraum $\mathbb{R}^n$. Dazu verwendet man den Befehl `ParametricPlot`.

Mathematica ist auch in der Lage, Systeme zu bearbeiten. Man benützt dazu den Befehl `DSolve`. Wir demonstrieren dies für 2×2-Systeme.

```
DSolve[{y1'[x]==g1[x,y1[x],y2[x]],
        y2'[x]==g2[x,y1[x],y2[x]]},
        {y1[x],y2[x]},x]
```

Beispiel:

$$\begin{aligned} y_1' &= y_1^2 - \pi \, , \\ y_2' &= y_1 y_2 \, . \end{aligned}$$

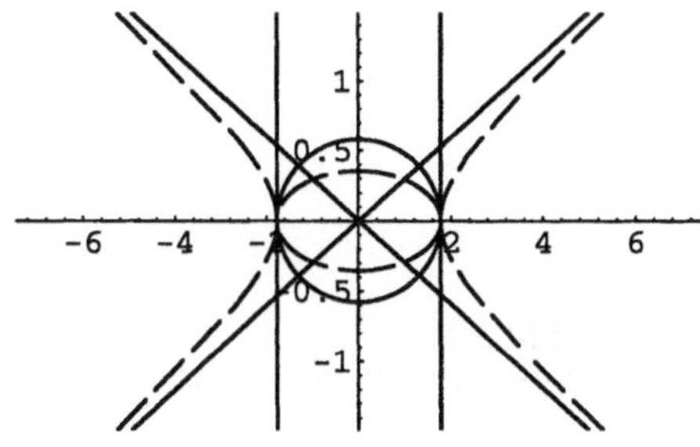

Bild 3.2
Losungen von $y_1' = y_1^2 - \pi$, $y_2' = y_1 y_2$, in der Phasenebene

```
In[1]:= DSolve[{y1'[x]==y1[x]^2-Pi,
               y2'[x]==y1[x] y2[x]},
               {y1[x],y2[x]},x]
Out[1]= {{y1[x] -> Sqrt[Pi] Tanh[Sqrt[Pi](-x -C2[2])],
   y2[x] -> C1[1] Sech[Sqrt[Pi] (-x -C2[2])]}}
```

Das vorliegende System kann gelöst werden, indem man zunächst durch Separation der Variablen die erste Gleichung löst und dann $y_1(x)$ in die zweite Gleichung einsetzt. Man erhält auf diesem Weg die Lösungen

$$y_1(x) = \sqrt{\pi}, \quad y_2(x) = c_2 e^{\sqrt{\pi}x},$$

$$y_1(x) = -\sqrt{\pi}, \quad y_2(x) = c_2 e^{-\sqrt{\pi}x}$$

und

$$y_1(x) = \sqrt{\pi}\frac{1 + c_1 e^{2\sqrt{\pi}x}}{1 - c_1 e^{2\sqrt{\pi}x}}, \quad y_2(x) = c_2 \frac{e^{\sqrt{\pi}x}}{1 - c_1 e^{2\sqrt{\pi}x}},$$

(mit beliebigen Konstanten c_1 und c_2). Dem *Mathematica*-output können wir unmittelbar keine Lösungen entnehmen, die in den Teilbereichen $y_1 \geq \sqrt{\pi}$ oder $y_1 \leq -\sqrt{\pi}$ verlaufen. (Dies hängt damit zusammen, daß die Funktion tangens hyperbolicus von *Mathematica* als Funktion in der komplexen Ebene aufgefaßt wird).

Definition 3.2 In einem Gebiet $D \subseteq \mathbb{R} \times \mathbb{R}^n$ sei eine reellwertige, stetige Funktion g erklärt. Die Gleichung

$$y^{(n)} = g(x, y, y', y'', \ldots, y^{(n-1)}) \tag{3.2}$$

wird als Differentialgleichung n-ter Ordnung bezeichnet.
Ist f eine auf einem Intervall I n-mal stetig differenzierbare Funktion mit

$$\{(x, f(x), f'(x), f''(x), \ldots, f^{(n-1)}(x)) | \quad x \in I\} \subset D$$

und

$$f^{(n)}(x) = g(x, f(x), f'(x), f''(x), \ldots, f^{(n-1)}(x))$$

für jedes $x \in I$, so heißt f Lösung der Differentialgleichung.

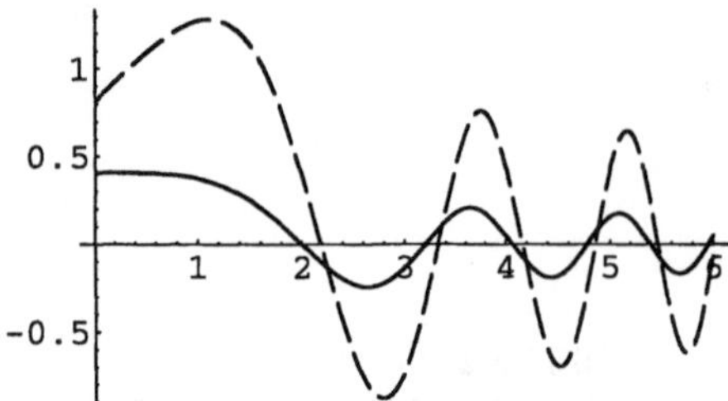

Bild 3.3
Losungen von $y'' = -x^2 y$

Wir verwenden wieder die Schreibweise:

$$f(x) = y(x)\,, \quad y^{(n)}(x) = g(x, y(x), y'(x), y''(x), \ldots, y^{(n-1)}(x))\,.$$

Mit *Mathematica* können Gleichungen n-ter Ordnung bearbeitet werden. Wir demonstrieren dies für $n = 2$.

```
DSolve[y''[x]==g[x,y[x],y'[x]],y[x],x]
```

Beispiel:

$$y'' = -x^2 y\,.$$

```
In[1]:= DSolve[y''[x]==-x^2 y[x],y[x],x]
Out[1]= {{y[x] -> ((x^4)^(1/8)
          *BesselJ[-1/4, (x^4)^(1/2)/2]*C[1])/2^(1/2)
+ ((x^4)^(1/8)*BesselJ[1/4, (x^4)^(1/2)/2]*C[2])/2^(1/2)}}
```

Bemerkung: Die Gleichung (3.2) kann in ein System von Differentialgleichungen erster Ordnung umgewandelt werden. Dazu führen wir neue Variable ein durch:

$$\begin{aligned} y_1 &= y\,, \\ y_2 &= y'\,, \\ &\vdots \\ y_{n-1} &= y^{(n-2)}\,, \\ y_n &= y^{(n-1)}\,, \end{aligned} \tag{3.3}$$

und erhalten das System

$$\begin{aligned} y_1' &= y_2\,, \\ y_2' &= y_3\,, \\ &\vdots \\ y_{n-1}' &= y_n\,, \\ y_n' &= g(x, y_1, y_2, \ldots, y_n)\,. \end{aligned} \tag{3.4}$$

Jede Lösung $y(x)$ der Gleichung n-ter Ordnung (3.2) fuhrt zu einer Lösung

$$Y(x) = \begin{pmatrix} y_1(x) \\ y_2(x) \\ y_3(x) \\ \vdots \\ y_n(x) \end{pmatrix} = \begin{pmatrix} y(x) \\ y'(x) \\ y''(x) \\ \vdots \\ y^{(n-1)}(x) \end{pmatrix}$$

des Systems (3.4) und umgekehrt.

3.2 Sukzessive Approximation für Systeme

Wir formulieren zunachst das Anfangswertproblem für Systeme.

Definition 3.3 Gegeben sei das Differentialgleichungssystem (3.1) und ein Punkt $(x_0, Y_0) \in D$. Gesucht werde eine Losung, die durch den Punkt (x_0, Y_0) geht:

$$Y(x_0) = Y_0 \,.$$

Diese Problemstellung heißt Anfangswertproblem.

In Koordinatenschreibweise lautet die Anfangsbedingung:

$$\begin{aligned} y_1(x_0) &= y_{01}\,, \\ y_2(x_0) &= y_{02}\,, \\ &\vdots \\ y_n(x_0) &= y_{0n}\,. \end{aligned}$$

Wie bei Einzeldifferentialgleichungen kann man mit `DSolve` auch Anfangswertprobleme lösen. Wir demonstrieren dies wieder fur 2×2-Systeme.

```
DSolve[{y1'[x]==g1[x,y1[x],y2[x]],
        y2'[x]==g2[x,y1[x],y2[x]],
        y1[x0]==y01,y2[x0]==y02},{y1[x],y2[x]},x]
```

Beispiel:

$$\begin{aligned} y_1' &= 3y_1 - x\,, \\ y_2' &= y_1 - y_2\,, \end{aligned}$$

$$y_1(0) = 2\,, \quad y_2(0) = 1\,.$$

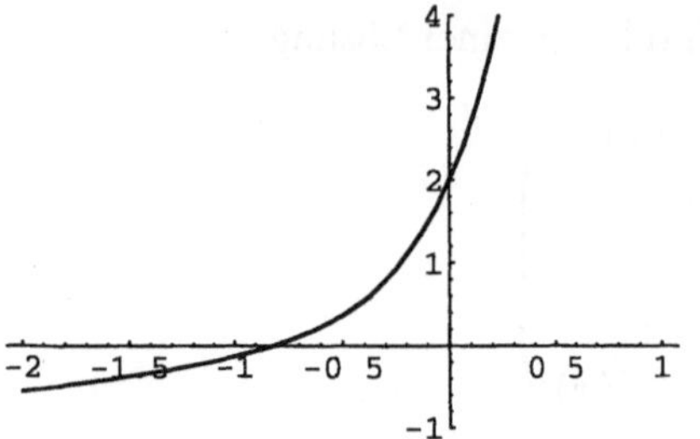

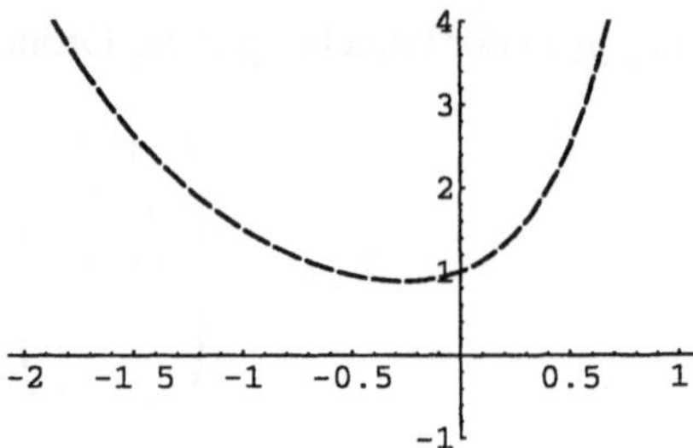

Bild 3.4 Losung von $y_1' = 3y_1 - x\,, y_2' = y_1 - y_2\,, y_1(0) = 2\,, y_2(0) = 1$, komponentenweise Darstellung

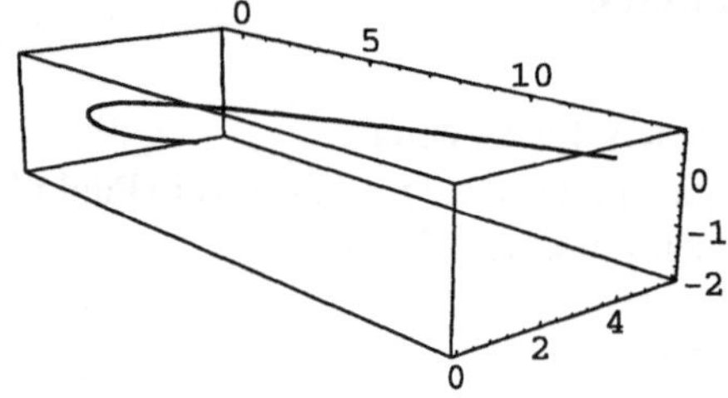

Bild 3.5
Lösung von $y_1' = 3y_1 - x\,, y_2' = y_1 - y_2\,, y_1(0) = 2\,, y_2(0) = 1$, als Integralkurve im $\mathbb{R}^3$

```
In[1]:= DSolve[{y1'[x]==3 y1[x]-x,
                y2'[x]==y1[x]-y2[x],
                y1[0]==2,y2[0]==1},
                {y1[x],y2[x]},x]
Out[1]= {{y1[x] -> (1 + 17*E^(3*x) + 3*x)/9,
          y2[x] -> -2/9 + 3/(4*E^x) +
          (17*E^(3*x))/36 + x/3}}
```

Wir betrachten das Anfangswertproblem

$$Y' = G(x, Y)\,, \quad Y(x_0) = Y_0\,, \tag{3.5}$$

mit Komponentenfunktionen $g_1, g_2, \ldots, g_n$ von G, die auf einem Rechteck $D \subseteq \mathbb{R} \times \mathbb{R}^n$

$$D = \{(x, Y) | \quad |x - x_0| \leq \alpha\,, \quad ||Y - Y_0|| \leq \beta\,, \quad \alpha, \beta \in \mathbb{R}\}$$

stetig und nach $y_1, y_2, \ldots, y_n$ stetig partiell differenzierbar sind.
Hierbei benützen wir die Maximumsnorm

$$||Y - Z|| = \max_{l=1,\ \ n} |y_l - z_l|$$

als Abstand zweier Punkte Y, Z im $\mathbb{R}^n$.

Aus Stetigkeitsgründen gibt es wiederum Schranken M und L für die Funktionen $g_l(x, Y)$ und ihre partiellen Ableitungen $\partial g_l(x, Y)/\partial y_j$:

$$M = \max_{l=1,\ \ ,n} \max_{(x,Y)\in D} |g_l(x, Y|\,, \quad L = \max_{l,j=1,\ \ ,n} \max_{(x,Y)\in D} \left| \frac{\partial}{\partial y_j} g_l(x, Y) \right| .$$

Wir gehen nun wie bei der Einzeldifferentialgleichung vom Anfangswertproblem (3.5) zu einem äquivalenten Integralgleichungssystem

$$Y(x) = Y_0 + \int_{x_0}^{x} G(t, Y(t))\, \mathrm{d}t \tag{3.6}$$

über und lösen es auf dem Intervall

$$U_\rho(x_0) = \{x| \quad |x - x_0| \le \rho\} \quad \text{mit} \quad \rho = \min\left(\alpha, \frac{\beta}{M}\right)$$

rekursiv durch Picard-Iteration (sukzessive Approximation)

$$Y_k(x) = Y_0 + \int_{x_0}^{x} G(t, Y_{k-1}(t))\, \mathrm{d}t\,, \quad Y_0(x) = Y_0\,. \tag{3.7}$$

In Komponentenschreibweise haben wir folgende Iterationsformel:

$$\begin{aligned}
y_{1k}(x) &= y_{01} + \int_{x_0}^{x} g_1(t, y_{1,k-1}(t), \ldots, y_{n,k-1}(t))\, \mathrm{d}t\,, \\
y_{2k}(x) &= y_{02} + \int_{x_0}^{x} g_2(t, y_{1,k-1}(t), \ldots, y_{n,k-1}(t))\, \mathrm{d}t\,, \\
&\vdots \\
y_{nk}(x) &= y_{0n} + \int_{x_0}^{x} g_n(t, y_{1,k-1}(t), \ldots, y_{n,k-1}(t))\, \mathrm{d}t\,.
\end{aligned}$$

Satz 3.1 *(Existenz-und Eindeutigkeitssatz für Systeme)*
Das Anfangswertproblem (3.5) besitzt auf dem Intervall $U_\rho(x_0)$ genau eine Lösung. Sie ergibt sich als gleichmäßiger Grenzwert der durch die Rekursionsformel (3.7) erklärten Funktionenfolge $Y_k(x)$.

Beweis: Der Beweis verläuft analog zum eindimensionalen Fall, (Satz 2.1). Man hat nur die Norm anstelle des Betrags zu verwenden und mit der oben angegebenen Lipschitzkonstanten L zu operieren, um zu zeigen, daß die Folge $Y_k(x)$ gleichmäßig gegen eine Lösung von (3.6) konvergiert und daß (3.6) höchstens eine Lösung besitzt. □

Mathematica Programm:

```
pks[x0_,y10_,y20_,n_]:=Block[{},
   yi1[0,x_]:=y10;
   yi2[0,x_]:=y20;
   Do[yi1[k_,x_]:=
      y10+Integrate[g1[t,yi1[k-1,t],yi2[k-1,t]],{t,x0,x}];
      yi2[k_,x_]:=
      y20+Integrate[g2[t,yi1[k-1,t],yi2[k-1,t]],{t,x0,x}];
      Print["y1(",k,",x)=",yi1[k,x]];
      Print["y2(",k,",x)=",yi2[k,x]],{k,1,n}]
      ]
```

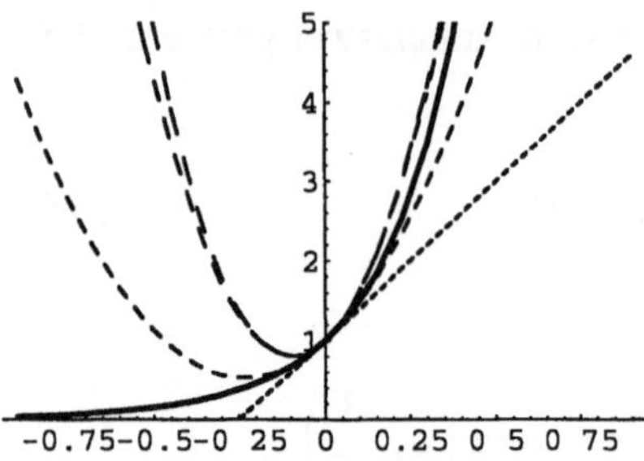

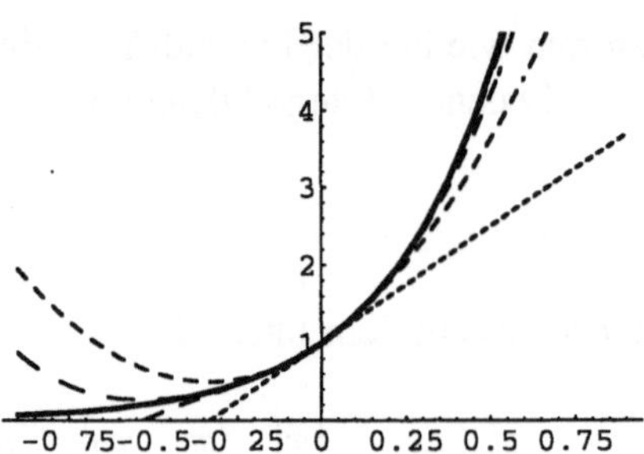

Bild 3.6 Picard-Iterierte fur $y_1' = 5y_1 - y_2$, $y_2' = 3y_2$, $y_1(0) = 1$, $y_2(0) = 1$ mit exakter Losung, komponentenweise Darstellung

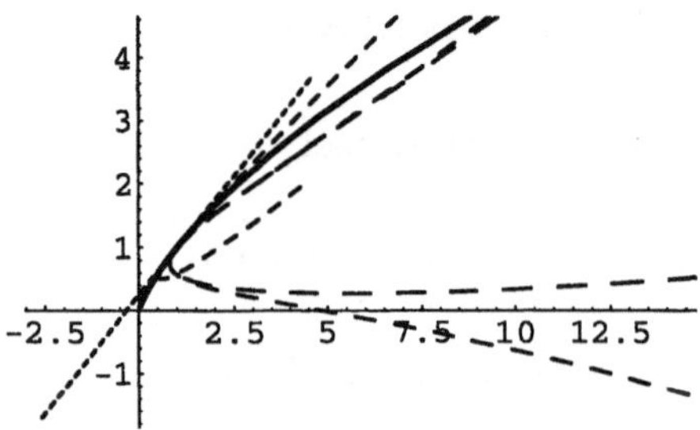

Bild 3.7
Picard-Iterierte für $y_1' = 5y_1 - y_2$, $y_2' = 3y_2$, $y_1(0) = 1$, $y_2(0) = 1$ mit exakter Lösung, Darstellung in der Phasenebene

Beispiel:

$$\begin{aligned} y_1' &= 5y_1 - y_2, \\ y_2' &= 3y_2, \end{aligned}$$

$$y_1(0) = 1, \quad y_2(0) = 1.$$

Wir berechnen die ersten vier Picard-Iterierten:

```
In[1]:= g1[x_,y1_,y2_]:=5 y1 - y2;
        g2[x_,y1_,y2_]:=3 y2;
In[3]:= pks[0,1,1,4]

y1(1,x)=1+4x
y2(1,x)=1+3x

y1(2,x)=1+4x + 17x^2/2
y2(2,x)=1+3x +9x^2/2

y1(3,x)=1+4x+17x^2/2 +38x^2/3
y2(3,x)=1+3x +9x^2/2 +9x^3/2

y1(4,x)=1+4x+17x^2/2 +38x^2/3 +253x^4/24
y2(4,x)=1+3x +9x^2/2 +9x^3/2 +27x^4/8
```

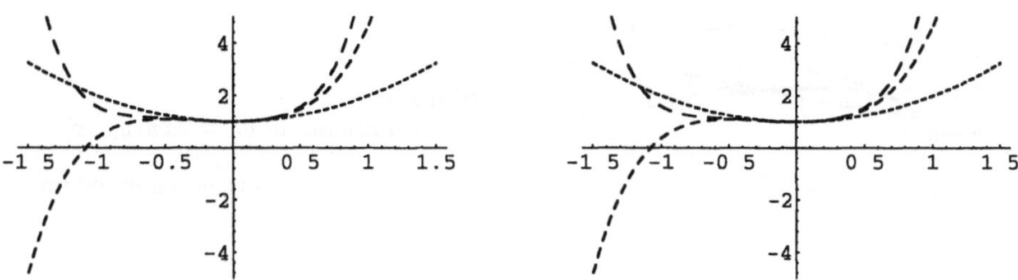

Bild 3.8 Picard-Iterierte fur $y_1' = 2xy_1y_2$, $y_2' = y_1 + y_2$, $y_1(0) = 1$, $y_2(0) = 1$, komponentenweise Darstellung

Die exakte Lösung lautet:

$$y_1(x) = \frac{1}{2}e^{3x} + \frac{1}{2}e^{5x}, \quad y_2(x) = e^{3x} .$$

Beispiel:

$$\begin{aligned} y_1' &= 2xy_1y_2 , \\ y_2' &= y_1 + y_2 , \end{aligned}$$

$$y_1(0) = 1, \quad y_2(0) = 1 .$$

Wir berechnen die ersten drei Picard-Iterierten:

```
In[1]:= g1[x_,y1_,y2_]:=2 x y1 y2;
        g2[x_,y1_,y2_]:=y1 + y2;
In[3]:= pks[0,1,1,3]

y1(1,x)=1+x^2
y2(1,x)=1+2*x

y1(2,x)=1+x^2+(4*x^3)/3+x^4/2+(4*x^5)/5
y2(2,x)=1+2*x+x^2+x^3/3

y1(3,x)=1+x^2+(4*x^3)/3+x^4+(22*x^5)/15+(25*x^6)/18
        +(104*x^7)/105+(229*x^8)/360+(29*x^9)/135
        +(4*x^10)/75
y2(3,x)=1+2*x+x^2+(2*x^3)/3+(5*x^4)/12+x^5/10+(2*x^6)/15
```

3.3 Existenz-und Eindeutigkeitsaussagen

Wie bei den Einzeldifferentialgleichungen zieht der Existenz-und Eindeutigkeitssatz für Systeme nach sich den:

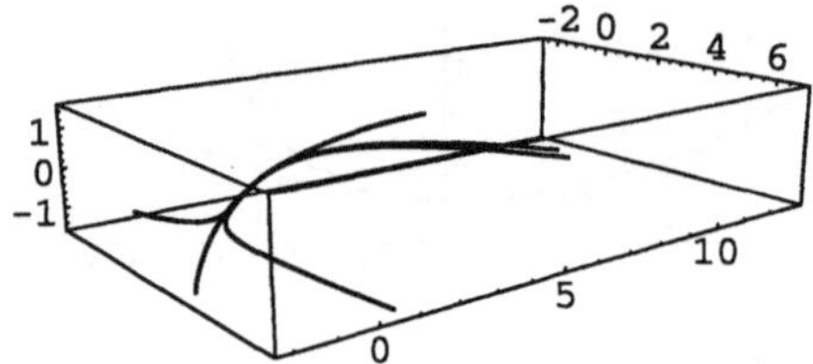

Bild 3.9
Picard-Iterierte für $y_1' = 2xy_1y_2$, $y_2' = y_1 + y_2$, $y_1(0) = 1$, $y_2(0) = 1$ mit exakter Losung, als Integralkurven im $\mathbb{R}^3$

Satz 3.2 *Sei $D \subseteq \mathbb{R} \times \mathbb{R}^n$ ein Gebiet und G eine stetig differenzierbare Funktion auf D. Dann geht durch jeden Punkt $(x_0, Y_0) \in D$ genau eine Lösung des Differentialgleichungssystems (3.1). Sie läßt sich (nach rechts und nach links) solange fortsetzen, bis sie beliebig nahe an den Rand des Gebiets D gelangt.*

Beweis: Etwas präziser müßten die im Satz für Einzeldifferentialgleichungen aufgezählten drei Fälle hier sinngemäß übertragen und aufgeführt werden. Der Beweis kann dann analog zum eindimensionalen Fall erfolgen, vgl. [9], S.79. □

Bemerkung: Wiederum gilt: Die Graphen zweier Lösungen fallen entweder ganz zusammen, oder sie schneiden sich in keinem Punkt aus dem Gebiet D.

Nun wenden wir uns dem Anfangswertproblem bei Differentialgleichungen n-ter Ordnung zu:
In einem Gebiet $D \subseteq \mathbb{R} \times \mathbb{R}^n$ sei eine reellwertige, stetige Funktion g erklärt und die Differentialgleichung (3.2) n-ter Ordnung.
Die Funktion g besitze in dem Gebiet D stetige partielle Ableitungen nach den Variablen $y, y', y'', \ldots, y^{(n-1)}$.
Aus dem Satz 3.2 über Differentialgleichungssysteme erster Ordnung ergibt sich durch Einführen von neuen Variablen (3.3) und Übergehen zu dem System (3.4) der

Satz 3.3 *Durch jeden Punkt $(x_0, y_0, y_0', y_0'', \ldots, y_0^{(n-1)}) \in D$ geht genau eine Lösung der Differentialgleichung (3.2) n-ter Ordnung. Sie läßt sich (nach rechts und nach links) solange fortsetzen, bis sie beliebig nahe an den Rand des Gebiets D gelangt.*

Das Anfangswertproblem

$$\begin{aligned} y^{(n)} &= g(x, y, y', y'', \ldots, y^{(n-1)}), \\ y(x_0) &= y_0, \\ y'(x_0) &= y_0', \\ &\vdots \\ y^{(n-1)}(x_0) &= y_0^{(n-1)}, \end{aligned} \tag{3.8}$$

besitzt also genau eine Lösung.

Das Anfangswertproblem (3.8) laßt sich wieder mit `DSolve` bearbeiten. Wir zeigen dies für $n = 2$:

```
DSolve[{y''[x]==g[x,y[x],y'[x]],y[x0]==y0,y'[x0]==y0'},
      y[x],x]
```

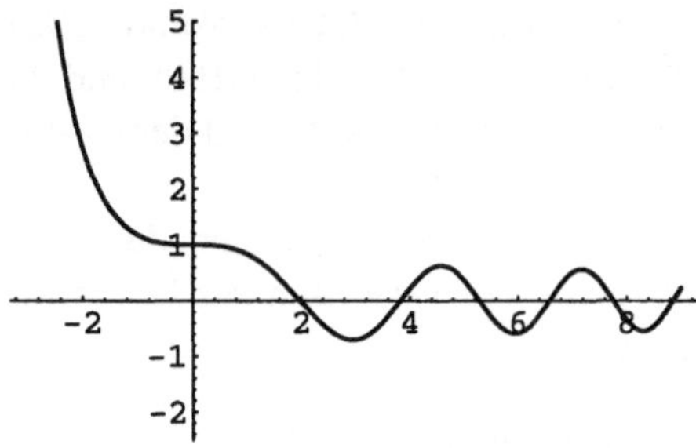

Bild 3.10
Losung von
$y'' = -xy\,, y(0) = 1\,, y'(0) = 0$

Beispiel:

$$y'' = -xy\,, \quad y(0) = 1\,, \quad y'(0) = 0\,.$$

```
In[1]:= DSolve[{y''[x]==- x y[x],y[0]==1,y'[0]==0},y[x],x]
Out[1]= {{y[x] -> (3^(1/6)*(3^(1/2)*AiryAi[(-1)^(1/3)*x]
        + AiryBi[(-1)^(1/3)*x])*Gamma[2/3])/2}}
```

Wir betrachten zum Schluß dieses Abschnitts noch eine wichtige Klasse von Differentialgleichungen, auf die die Vorraussetzungen des Existenz-und Eindeutigkeitssatzes immer zutreffen.

Definition 3.4 Seien $a_{i,j}(x)$ und $b_i(x)$,$i, j = 1, \ldots, n$ auf einem Intervall I erklärte, stetige Funktionen und

$$A(x) = \begin{pmatrix} a_{11}(x) & \cdots & a_{1n}(x) \\ \vdots & \vdots & \vdots \\ a_{n1}(x) & \cdots & a_{nn}(x) \end{pmatrix}, \quad B(x) = \begin{pmatrix} b_1(x) \\ \vdots \\ b_n(x) \end{pmatrix}.$$

Die Gleichung

$$Y' = A(x)Y + B(x) \tag{3.9}$$

wird als lineares Differentialgleichungssystem erster Ordnung bezeichnet.
Verschwindet die Funktion $B(x)$ identisch auf I, so heißt das System homogen, andernfalls heißt es inhomogen.
Das System

$$Y' = A(x)Y \tag{3.10}$$

wird als zu (3.9) gehöriges homogenes System bezeichnet.

Eine Besonderheit linearer Systeme (3.9) ist, daß ihre Lösungen auf dem ganzen zugrunde liegenden Intervall I existieren. Dazu notieren wir den folgenden:

Satz 3.4 *Sei I_0 ein kompaktes Teilintervall von I. Sei $x_0 \in I_0$ und $Y_0 \in \mathbb{R}^n$. Dann existiert die Lösung $Y(x)$ des Anfangswertproblems $Y(x_0) = Y_0$ in ganz I_0.*

Beweis: Die gemachten Stetigkeitsvoraussetzungen bewirken, daß die Voraussetzungen des Existenz-und Eindeutigkeitssatzes 3.1 auf dem Streifen $I_0 \times \mathbb{R}^n$ erfüllt sind. Damit haben wir lokal genau eine Lösung des Anfangswertproblems. Aufgrund der Gestalt des Systems (3.9) sind nun aber die Picard-Iterierten auf ganz I_0 erklärt.
Durch gewisse Modifikationen des Konvergenzbeweises kann man zeigen, daß die Folge der Picard-Iterierten gleichmäßig auf I_0 konvergiert. Wir verweisen zur Durchführung dieses Konvergenzbeweises auf [1,Bd III], S.121. □

Definition 3.5 Eine Differentialgleichung n-ter Ordnung der Gestalt

$$y^{(n)} + a_{n-1}(x)y^{(n-1)} + a_{n-2}(x)y^{(n-2)} + \cdots$$
$$+a_1(x)y' + a_0(x)y = r(x) \tag{3.11}$$

mit auf einem Intervall I erklärten, stetigen Funktionen
$a_{n-1}(x), \ldots, a_0(x), r(x)$ wird als linear bezeichnet.
Die Differentialgleichung

$$y^{(n)} + a_{n-1}(x)y^{(n-1)} + a_{n-2}(x)y^{(n-2)} + \cdots$$
$$+a_1(x)y' + a_0(x)y = 0 \tag{3.12}$$

heißt die zu (3.11) gehörige homogene Gleichung.

Wir wollen die lineare Gleichung (3.11) in ein lineares System 1. Ordnung umwandeln: Wir führen neue Variable durch (3.3) ein und erhalten das System (3.4) in der Form

$$\begin{aligned}
y_1' &= y_2 \\
y_2' &= y_3 \\
&\vdots \\
y_{n-1}' &= y_n \\
y_n' &= -a_0(x)y_1 - a_1(x)y_2 - \cdots - a_{n-2}(x)y_{n-1} - a_{n-1}(x)y_n \\
&\quad +r(x)\,.
\end{aligned}$$

Dieses System können wir auch kürzer in der Form (3.9) schreiben mit der Systemmatrix

$$A(x) = \begin{pmatrix} 0 & 1 & \cdots & 0 & 0 \\ 0 & 0 & \cdots & 0 & 0 \\ \vdots & \vdots & \vdots & \vdots & \vdots \\ 0 & 0 & \cdots & 0 & 1 \\ -a_0(x) & -a_1(x) & \cdots & -a_{n-2}(x) & -a_{n-1}(x) \end{pmatrix} \tag{3.13}$$

und der Inhomogenität

$$B(x) = \begin{pmatrix} 0 \\ 0 \\ 0 \\ \vdots \\ 0 \\ 0 \\ r(x) \end{pmatrix} . \tag{3.14}$$

3.4 Erste Integrale

Wir wollen zunächst die Abhängigkeit der Lösung von den Anfangsdaten diskutieren. Sei $D \subseteq \mathbb{R}\times\mathbb{R}^n$ ein Gebiet und G eine stetig differenzierbare Funktion auf D. Wir führen die Bezeichnung

$$Y_L(x_0, Y_0, x)$$

für diejenige Lösung von

$$Y' = G(x, Y)$$

ein, die die Anfangsbedingung

$$Y_L(x_0, Y_0, x_0) = Y_0$$

erfüllt.

Wenn $(\bar{x}_0, \bar{Y}_0)$ ein fester Punkt aus G ist, so kann man sich mit dem Existenz-und Eindeutigkeitssatz überlegen, daß es ein rechteckiges Gebiet

$$D_0 = \{|x_0 - \bar{x}_0| < \alpha , \quad ||Y_0 - \bar{Y}_0|| < \beta , \quad |x - \bar{x}_0| < \gamma\}$$

gibt, auf welchem die Funktion $Y(x_0, Y_0, x)$ erklärt ist.

Es gilt nun unter den obigen Voraussetzungen:

Satz 3.5 *Die Funktion $Y_L(x_0, Y_0, x)$ besitzt in D_0 stetige partielle Ableitungen nach sämtlichen $n+2$ Argumenten.*

Beweis: Ein ausführlicher Beweis ist in [8], S.125, zu finden. Wir wollen uns hier darauf beschränken, einen wichtigen Grundgedanken anzugeben, der in dem folgenden Hilfssatz [8] zum Ausdruck kommt: Sei $\Phi : I \to \mathbb{R}^n$ eine auf einem Intervall I stetig differenzierbare Funktion. Fur alle $x \in I$ bestehe die Ungleichung

$$\left|\left|\frac{\mathrm{d}}{\mathrm{d}x}\Phi(x)\right|\right| \leq \delta||\Phi(x)|| + \epsilon$$

mit Konstanten δ und ϵ. Dann gilt für alle $x, \bar{x} \in I$ mit einer weiteren Konstanten ρ

$$||\Phi(x)|| \leq \rho e^{\rho\delta|x-\bar{x}|} \left(||\Phi(\bar{x}|| + \epsilon|x - \bar{x}|\right) .$$

Mit dem Hilfssatz kann nun bereits der Nachweis der Stetigkeit von $Y_L(x_0, Y_0, x)$ geführt werden. (Mit ähnlichen Überlegungen beweist man die Differenzierbarkeit).
Wir betrachten die Differenz

$$\Phi(x) = Y_L(x_0, Y_0, x) - Y_L(\hat{x}_0, \hat{Y}_0, x)$$

und schätzen mit einer Lipschitzkonstanten L für $G(x, Y)$ ab:

$$\begin{aligned} \left\|\frac{\mathrm{d}}{\mathrm{d}x}\Phi(x)\right\| &= ||G(Y_L(x_0, Y_0, x)) - G(x, Y_L(\hat{x}_0, \hat{Y}_0, x))|| \\ &\leq L||Y_L(x_0, Y_0, x) - Y_L(\hat{x}_0, \hat{Y}_0, x)|| \\ &= L||\Phi(x)||\,. \end{aligned}$$

Hieraus folgt mit dem Hilfssatz

$$||Y_L(x_0, Y_0, x) - Y_L(\hat{x}_0, \hat{Y}_0, x)|| \leq \rho e^{\rho L|x-\bar{x}|}||Y_L(x_0, Y_0, \bar{x}) - Y_L(\hat{x}_0, \hat{Y}_0, \bar{x})||\,.$$

Setzen wir darin $\bar{x} = x_0$, so bekommen wir mit $|x - x_0| \leq \gamma$:

$$||Y_L(x_0, Y_0, x) - Y_L(\hat{x}_0, \hat{Y}_0, x)|| \leq \rho e^{\rho L\gamma}||Y_0 - Y_L(\hat{x}_0, \hat{Y}_0, x_0)||\,.$$

Mit einer oberen Schranke M für $|G(x, Y)|$ gilt:

$$||\hat{Y}_0 - Y_L(\hat{x}_0, \hat{Y}_0, x_0)|| \leq M|x_0 - \hat{x}_0|\,.$$

Insgesamt ergibt sich aus den letzten beiden Ungleichungen

$$||Y_L(x_0, Y_0, x) - Y_L(\hat{x}_0, \hat{Y}_0, x)|| \leq \rho e^{\rho L\gamma}\left(||Y_0 - \hat{Y}_0|| + M|x_0 - \hat{x}_0|\right)\,,$$

und die Aufspaltung

$$\begin{aligned} Y_L(x_0, Y_0, x) - Y_L(\hat{x}_0, \hat{Y}_0, \hat{x}) &= \left(Y_L(x_0, Y_0, x) - Y_L(\hat{x}_0, \hat{Y}_0, x)\right) \\ &\quad + \left(Y_L(\hat{x}_0, \hat{Y}_0, x) - Y_L(\hat{x}_0, \hat{Y}_0, \hat{x})\right) \end{aligned}$$

liefert schließlich die Stetigkeit von $Y_L(x_0, Y_0, x)$. □

Bemerkung: Die Funktion $Y_L(x_0, Y_0, x)$ besitzt die folgende wichtige Eigenschaft:

$$Y_L(x_0, Y_L(\hat{x}_0, Y_0, x_0), x) = Y_L(\hat{x}_0, Y_0, x)\,, \tag{3.15}$$

$((x_0, Y_0), (\hat{x}_0, Y_0)$ aus einer hinreichend kleinen Umgbung von $(\bar{x}, \bar{Y}))$. Auf beiden Seiten steht nämlich die Lösung des Systems $Y' = G(x, Y)$, die für $x = x_0$ den Anfangswert $Y_L(\hat{x}_0, Y_0, x_0)$ annimmt.

Wegen $Y_L(x_0, Y_0, x_0) = Y_0$ kann die Gleichung

$$Y = Y_L(x_0, Y_0, x)$$

(lokal) eindeutig nach Y_0 aufgelöst werden mit: $\tilde{Y}_L(x_0, Y, x)$. Wir haben dann die Beziehungen:

$$Y_L(x_0, \tilde{Y}_L(x_0, Y_0, x), x) = Y_0 \quad \text{und} \quad \tilde{Y}_L(x_0, Y_L(x_0, Y_0, x), x) = Y_0 \,.$$

Man löst somit die allgemeine Lösung nach den Anfangskonstanten Y_0 auf und das Ergebnis stellt eine längs Lösungskurven $(x, Y_L(x_0, Y_0, x))$ konstante vektorwertige Funktion dar:

Satz 3.6 *Die Funktionen $\tilde{Y}_L(x_0, Y, x)$ bilden (erste) Integrale für das System (3.1). Das heißt, es gilt*

$$\frac{\partial}{\partial x}\tilde{Y}_L(x_0, Y_L(\hat{x}_0, Y_0, x), x) = \vec{0} \,.$$

Beweis: Mit (3.15) bekommen wir sofort

$$\begin{aligned} \tilde{Y}_L(x_0, Y_L(\hat{x}_0, Y_0, x), x) &= \tilde{Y}_L(x_0, Y_L(x_0, Y_L(\hat{x}_0, Y_0, x_0), x), x) \\ &= Y_L(\hat{x}_0, Y_0, x_0) \,. \end{aligned}$$

□

Bemerkung: Ersetzen wir in (3.15) das Argument x durch $\hat{x}_0$, so bekommen wir für beliebige x_0 und $\hat{x}_0$:

$$Y_L(x_0, Y_L(\hat{x}_0, Y_0, x_0), \hat{x}_0) = Y_0 \,,$$

und daraus folgt wegen der Eindeutigkeit der Auflösung

$$\tilde{Y}_L(x_0, Y_0, \hat{x}_0) = Y_L(\hat{x}_0, Y_0, x_0) \,.$$

Man muß also $\tilde{Y}_L$ nicht durch Auflösen bestimmen.
Beispiel:

$$y' = -x^2 y \,.$$

Mit

$$Y_L(x_0, y_0, x) = y_0 e^{\frac{x^2}{2} - \frac{x_0^2}{2}}$$

bekommt man

$$\tilde{Y}_L(x_0, y, x) = Y_L(x, y, x_0) = y e^{\frac{x_0^2}{2} - \frac{x^2}{2}} \,.$$

Wenn die allgemeine Lösung des Systems $Y' = G(x, Y)$ in der Form $Y(C, x)$ mit n Konstanten $C = (c_1, \dots, c_n)$ vorliegt, so zeigt Satz 3.6, daß die Auflösung $C(x, y)$ von

$$y = Y(C, x)$$

nach der Konstanten C n erste Integrale liefert.

Beispiel:

$$y' = \frac{x}{y}, \qquad y \neq 0\,.$$

Durch Variation der Konstanten finden wir

$$\frac{y^2}{2} = \frac{x^2}{2} + c\,.$$

Auflösen nach c ergibt das erste Integral:

$$c = \frac{x^2}{2} - \frac{y^2}{2}\,.$$

Allgemein sagen wir:

Definition 3.6 Eine skalare stetig differenzierbare Funktion $J(x, Y)$ mit der Eigenschaft

$$\frac{\partial}{\partial x} J(x, Y_L(x_0, Y_0, x)) = 0$$

heißt erstes Integral für das Differentialgleichungssystem $Y' = G(x, Y)$.

Erste Integrale spielen besonders in der nichtlinearen Theorie eine große Rolle. Jedes erste Integral gestattet (im Prinzip) die Elimination einer gesuchten Funktion und bringt uns damit einen Schritt näher an die Lösung des Systems. Häufig kann man ein erstes Integral aufgrund physikalischer Überlegungen (Erhaltungssätze) oder von Symmetriebetrachtungen finden.

Lösungen mit *Mathematica*

Innerhalb des Pakets `PDSolve1` (fur partielle Differentialgleichungen erster Ordnung) bietet *Mathematica* auch das Programm `FirstIntegrals` zum Auffinden erster Integrale an.
Wir wollen dieses Programm an zwei übersichtlichen Beispielen vorstellen.

$$\begin{aligned} y_1' &= y_1 y_2\,, \\ y_2' &= y_1^2 + y_2^2\,. \end{aligned}$$

```
In[1]:= <<Calculus`PDSolve1`;
        FirstIntegrals[
      {y1'[x]==y1[x] y2[x],
      y2'[x]==y1[x]^2 + y2[x]^2},{y1,y2},x]
Out[2]= {-Sqrt[y2^2/y1^2]-Integrate[y1[x],x],
         -y2^2/(2 y1^2) +Log[y1]}
```

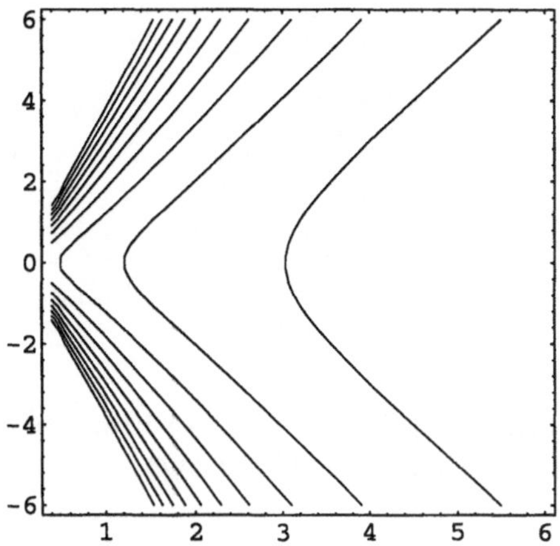

Bild 3.11
Höhenlinien des ersten Integrals $-y_2^2/(2y_1^2) + \ln(y_1)$ von $y_1' = y_1y_2\,, y_2' = y_1^2 + y_2^2$ (in der Phasenebene)

Hier liefert *Mathematica* ein erstes Integral

$$J(y_1, y_2) = -\frac{y_2^2}{2y_1^2} + \ln(y_1)\,,$$

das man durch Übergehen zu der Ähnlichkeitsdifferentialgleichung

$$\frac{\mathrm{d}y_2}{\mathrm{d}y_1} = \frac{y_2}{y_1} + \frac{y_1}{y_2}$$

gewinnen kann. Man führt dabei y_1 als neue unabhängige Variable ein, (vgl. Abschnitt 5.4). Die erste ausgegebene Funktion, die man durch Kombination der beiden Gleichungen des Systems über

$$y_1y_2' - y_1'y_2 = y_1^3$$

bekommen kann, ist zwar auch konstant längs Lösungen, enthält aber noch eine Integration über y_1. (Außerdem werden wir im Abschnitt 5.2 sehen, daß jedes weitere Integral $\tilde{J}(y_1, y_2)$ mit $J(y_1, y_2)$ in einem funktionalen Zusammenhang steht).

Die Euler-Gleichungen für den kräftefreien Kreisel:

$$y_1' = a_1y_2y_3\,,$$
$$y_2' = a_2y_3y_1\,,$$
$$y_3' = a_3y_1y_2\,,$$

$(a_1 > 0, a_2 < 0, a_3 < 0)$.

```
In[1]:= <<Calculus'PDSolve1';
          FirstIntegrals[
       {y1'[x]==a1 y2[x] y3[x],
        y2'[x]==a2 y3[x] y1[x],
        y3'[x]==la3 y1[x] y2[x]},{y1,y2,y3},x]
Out[2]= {-y1^2/2 + a1 y3^2 /(2 a3) ,
          -y1^2/2 + a1 y2^2 /(2 a2)}
```

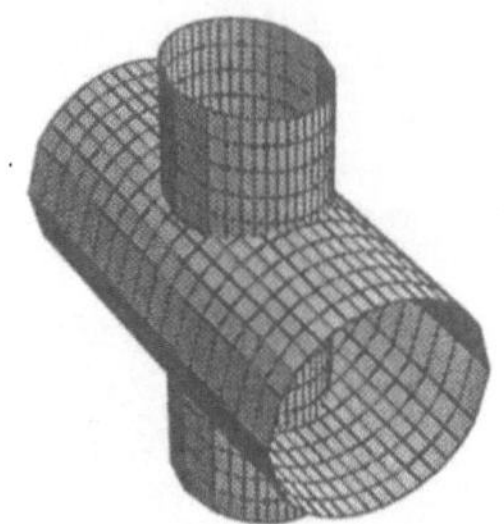
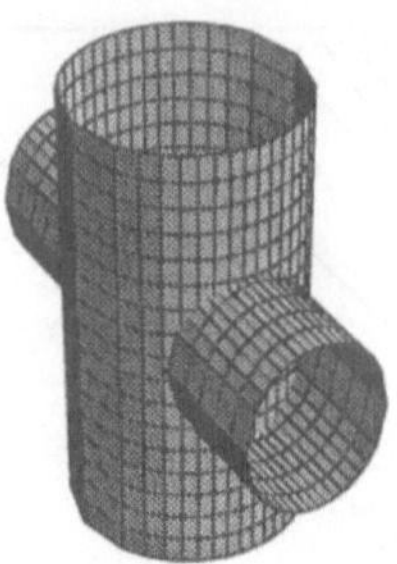

Bild 3.12 Niveauflachen der ersten Integrale $-y_1^2/2 + a_1 y_3^2/(2a_3)$ bzw. $-y_1^2/2 + a_1 y_2^2/(2a_2)$ von $y_1' = a_1 y_2 y_3$, $y_2' = a_2 y_3 y_1$, $y_3' = a_3 y_1 y_2$, im Phasenraum

Hier liefert *Mathematica* zwei Integrale, die man aus den Gleichungen

$$\frac{\mathrm{d}y_2}{dey_1} = \frac{a_2}{a_1}\frac{y_1}{y_2}, \quad \frac{\mathrm{d}y_3}{dey_1} = \frac{a_3}{a_1}\frac{y_1}{y_3}$$

ablesen kann. (Wiederum wird y_1 als neue unabhängige Variable eingeführt).

Schließlich sei noch erwähnt, daß man in vielen Fällen die Lösung einer Einzeldifferentialgleichung vorteilhafter mit `FirstIntegrals` darstellen kann als mit `DSolve`. Wir zeigen dies an einem einfachen

Beispiel:

$$y' = e^x y^3 .$$

```
In[1]:= <<Calculus'PDSolve1'
In[2]:= DSolve[y'[x]==Exp[x] y[x]^3,y[x],x]
        {{y[x] -> -I/(2*E^x + 2*C[1])^(1/2)},
         {y[x] -> I/(2*E^x + 2*C[1])^(1/2)}}
In[3]:= FirstIntegrals[{y'[x]==Exp[x] y[x]^3},{y},x]
Out[3]= {-E^x - 1/(2*y^2)}
```

Die mit `DSolve` gewonnenen Lösungen müssen zuerst interpretiert werden, während wir aus dem ersten Integral unmittelbar entnehmen können, daß sich die Lösungen der Differentialgleichung aus

$$e^x + \frac{1}{2y^2} = c$$

ergeben.

3.5 Lineare Systeme erster Ordnung

Die folgende Beobachtung ist einfach, aber grundlegend für die Lösung linearer Systeme.

Satz 3.7 *Die Lösungen des homogenen Systems (3.10) bilden einen Vektorraum.*

Beweis: Seien $Y_1(x)$ und $Y_2(x)$ Lösungen. Wir zeigen, daß dann auch $c_1Y_1(x)+c_2Y_2(x)$ eine Lösung ist:

$$\begin{aligned}(c_1Y_1'(x)+c_2Y_2'(x)) &= c_1A(x)Y_1(x)+c_2A(x)Y_2(x)\\ &= A(x)(c_1Y_1(x)+c_2Y_2(x)).\end{aligned}$$

□

Bemerkung: Die Lösungen des homogenen Systems bilden also einen Unterraum des Vektorraums $C^1[I]$ der mit Werten im $\mathbb{R}^n$ versehenen, auf einem Intervall I stetig differenzierbaren Funktionen.

Wenn m Funktionen $F_1,\ldots,F_m$ aus $C^1[I]$ linear unabhängig sind, so bedeutet dies, daß jede Linearkombination

$$c_1F_1+\cdots+c_mF_m=O$$

der Nullfunktion $O\in C^1[I]$ die triviale Kombination sein muß, d.h. $c_1=c_2=\cdots=c_n=0$.
Wenn eine Linearkombination der Funktionen $F_1,\ldots,F_m$ die Nullfunktion $O\in C^1[I]$ darstellt, so bedeutet dies, daß

$$c_1F_1(x)+\cdots+c_mF_m(x)=\vec{0}\quad\in\mathbb{R}^n\,,\quad\text{für alle}\quad x\in I$$

gilt.
Sind die Funktionen aus $C^1[I]$ linear unabhängig, so können an einer festen Stelle $x_0\in I$ die Spaltenvektoren $F_1(x_0),\ldots,F_m(x_0)$ durchaus linear abhängig sein. Sie können sogar an jeder Stelle $x_0\in I$ linear abhängig sein.
Beispiel:

$$F_1,F_2:(0,\infty)\longrightarrow\mathbb{R}^2\,,$$
$$F_1=\begin{pmatrix}x\\x\end{pmatrix},\quad F_2=\begin{pmatrix}1\\1\end{pmatrix}.$$

Im Unterraum der Lösungen des homogenen Systems (3.10) liegen die Dinge jedoch anders.

Satz 3.2 *Lineare Abhängigkeit bzw. Unabhängigkeit von Lösungen $Y_1(x),\ldots,Y_m(x)$ liegt genau dann vor, wenn diese Losungen an einer einzigen festen Stelle x_0 aus dem zugrunde liegenden Intervall I abhängige bzw. unabhängige Spaltenvektoren $Y_1(x_0),\ldots,Y_m(x_0)$ liefern.*

Beweis: Nehmen wir an, wir haben m Lösungen $Y_1(x),\ldots,Y_m(x)$, und die Spaltenvektoren $Y_1(x_0),\ldots,Y_m(x_0)$ sind linear abhängig, d.h. es gibt einen Spaltenvektor

$$\begin{pmatrix}c_1\\\vdots\\c_n\end{pmatrix}\neq\vec{0}\quad\in\mathbb{R}^n$$

mit

$$c_1 Y_1(x_0) + \cdots + c_m Y_m(x_0) = \vec{0} \quad \in \mathbb{R}^n .$$

Die Linearkombination von Lösungen $c_1 Y_1(x) + \cdots + c_m Y_m(x)$ stellt dann ebenfalls eine Lösung dar, die aufgrund des Existenz-und Eindeutigkeitssatzes und der Anfangsbedingung $c_1 Y_1(x_0) + \cdots + c_m Y_m(x_0) = \vec{0}$ mit der Nullösung zusammenfällt. □

Mit dem Satz 3.8 können wir nun zeigen:

Satz 3.9 *Der Lösungsraum der homogenen Gleichung (3.10) hat die Dimension n.*

Beweis: Wir betrachten die Lösung der Gleichung (3.10), die die Anfangsbedingung

$$Y_{e_l}(x_0) = \vec{e}_l$$

erfüllt. Geht man alle Einheitsvektoren $\vec{e}_l \in \mathbb{R}^n$ durch, so erhält man n Lösungen, die an der Stelle x_0 die offenbar linear unabhängige Menge
$\vec{e}_1 \ldots, \vec{e}_n$ von Vektoren liefern. Also stellen $Y_{e_1}(x), \ldots, Y_{e_n}(x)$ eine Menge von n linear unabhängigen Lösungen dar.
Andererseits kann man jede beliebige Lösung Y der homogenen Gleichung (3.10) als Linearkombination aus $Y_{e_l}(x)\,, l = 1, \ldots, n$, erhalten durch

$$Y(x) = y_1(x_0) Y_{e_1}(x) + \ldots + y_n(x_0) Y_{e_n}(x) .$$

Hierbei sind $y_1(x), \ldots, y_n(x)$ die Komponenten von $Y(x)$.
Damit stellen die Lösungsvektoren $Y_{e_l}(x)\,, l = 1, \ldots, n$, eine Basis des Lösungsraumes dar. □

Definition 3.7 n linear unabhängige Lösungen $Y_l(x)\,, l = 1, \ldots, n$, der homogenen Gleichung (3.10) bilden ein Fundamentalsystem.

Wir ordnen nun n beliebige Lösungen des homogenen Systems

$$Y_l(x) = \begin{pmatrix} y_{l1}(x) \\ \vdots \\ y_{ln}(x) \end{pmatrix} , l = 1, \ldots n$$

in Form einer $n \times n$ Matrix

$$[Y_1(x), \ldots, Y_n(x)] = \begin{pmatrix} y_{11}(x) & \cdots & y_{n1}(x) \\ \vdots & \vdots & \vdots \\ y_{1n}(x) & \cdots & y_{nn}(x) \end{pmatrix}$$

an. Wir können damit schreiben

$$Y(x) = [Y_{e_1}(x), \ldots, Y_{e_n}(x)] \begin{pmatrix} y_1(x_0) \\ \vdots \\ y_n(x_0) \end{pmatrix}.$$

Definition 3.8 Seien $Y_l(x)$, $l = 1, \ldots, n$, beliebige Lösungen der homogenen Gleichung. Die Matrix

$$W(x) = [Y_1(x), \ldots, Y_n(x)]$$

heißt Wronskische Matrix und ihre Determinante $\det(W(x))$ Wronskische Determinante.

Die lineare Unabhängigkeit von n Lösungen $Y_l(x)$, $l = 1, \ldots, n$, des homogenen Systems läßt sich nun leicht nachprüfen.

Satz 3.10 *n Lösungen $Y_l(x)$, $l = 1, \ldots, n$, sind genau dann linear unabhängig, wenn an irgend einer Stelle $x_0 \in I$ gilt:*

$$\det(W(x_0)) \neq 0.$$

Beweis: Der Beweis ergibt sich unmittelbar aus dem Satz über die lineare Abhängigkeit bzw. Unabhängigkeit von Lösungen. □

Die Aussage des obigen Satzes wird noch durch die folgende Eigenschaft der Wronskischen Determinante unterstützt:

Satz 3.11 *Seien $Y_l(x)$, $l = 1, \ldots, n$, beliebige Lösungen der homogenen Gleichung. Dann genügt ihre Wronskische Determinante*

$$\det(W(x)) = \det[Y_1(x), \ldots, Y_n(x)]$$

der Differentialgleichung

$$\det(W(x))' = \operatorname{spur}(A(x)) \det(W(x)) = \left(\sum_{j=1}^{n} a_{jj}(x) \right) \det(W(x)).$$

Beweis: Durch Nachrechnen. □

Aus dieser Eigenschaft der Wronskischen Determinante ergibt sich nochmals, daß sie entweder identisch oder an keiner Stelle des zugrunde liegenden Intervalls verschwindet.

Was nun das inhomogene System (3.9) anbelangt, so können wir genau wie bei der inhomogenen, linearen Einzeldifferentialgleichung (Satz 2.4) zeigen:

Satz 3.12 *Durch $Y_l(x)$, $l = 1, \ldots, n$, werde ein Fundamentalsystem der homogenen Gleichung (3.10) gegeben, und $Y_p(x)$ sei eine partikuläre Lösung des inhomogenen Systems (3.9).*
Dann besitzt jede beliebige Lösung $Y(x)$ der inhomogenen Gleichung eine Darstellung

$$Y(x) = c_1 Y_1(x) + \cdots + c_n Y_n(x) + Y_p(x)$$

mit Konstanten $c_1, \ldots, c_n$.

Zur Herstellung einer partikulären Lösung gehen wir folgendermaßen vor. Wir nehmen ein Fundamentalsystem der homogenen Gleichung $Y_l(x)$, $l = 1, \ldots, n$, und bilden damit

$$W(x) = [Y_1(x), \ldots, Y_n(x)] .$$

Dann multiplizieren wir die Matrix $W(x)$ mit einer Funktion

$$C_p(x) = \begin{pmatrix} c_{p1}(x) \\ \vdots \\ c_{pn}(x) \end{pmatrix}$$

und erhalten den Ansatz (Variation der Konstanten)

$$Y_p(x) = W(x) C_p(x) .$$

Beim Einsetzen dieses Ansatzes in das inhomogene System ist zu berücksichtigen, daß man eine vektorwertige Funktion einer Variablen differenziert, indem man jede Komponente differenziert. Bei einer zu einer Matrix angeordneten Funktion gilt entsprechendes für die einzelnen Matrixelemente.
Also:

$$W'(x) C_p(x) + W(x) C_p'(x) = A(x) W(x) C_p(x) + B(x) .$$

Daraus ergibt sich die folgende Bedingung für $C_p(x)$:

$$C_p'(x) = (W(x))^{-1} B(x) ,$$

wobei von der Tatsache Gebrauch gemacht wurde, daß die Wronskische Matrix nirgends singulär ist.
Nun genügt uns wiederum eine Stammfunktion. Wir wählen:

$$C_p(x) = \int_{x_0}^{x} (W(t))^{-1} B(t) \, \mathrm{d}t .$$

(Eine vektorwertige Funktion einer Variablen wird integriert, indem man jede Komponente integriert).

Variation der Konstanten ist eine typische Aufgabe, bei der *Mathematica* große Dienste leistet. Wir benützen `LinearSolve` zur Lösung eines linearen Gleichungssystems und bestimmen den Vektor $C_p'(x)$ aus
$W(x) C_p'(x) = B(x)$.
Beispiel:
Gegeben sei das inhomogene System

$$\begin{aligned} y_1' &= y_2 + 3\,, \\ y_2' &= y_3 + \cos(x)\,, \\ y_3' &= -4y_2 + 4y_3 + x\sin(x)\,. \end{aligned}$$

Durch Nachrechnen überzeugt man sich davon, daß die Vektoren

$$Y_1(x) = \begin{pmatrix} e^{2x} \\ 2e^{2x} \\ 4e^{2x} \end{pmatrix}, \quad Y_2(x) = \begin{pmatrix} xe^{2x} \\ (1+2x)e^{2x} \\ (4+4x)e^{2x} \end{pmatrix}, \quad Y_3(x) = \begin{pmatrix} 1 \\ 0 \\ 0 \end{pmatrix},$$

ein Fundamentalsystem des homogenen Systems darstellen.
Wir geben ihre Wronskische Matrix ein und bestimmen den Vektor $C_p(x)$:

```
In[1]:= wm={{Exp[2 x], x Exp[2 x], 1},
            {2 Exp[2 x],(1+2x) Exp[2 x], 0},
            {4 Exp[2 x],(4+4x) Exp[2 x], 0}};

        b={3,Cos[x], x Sin[x]};
        cps=LinearSolve[wm,b];
        cp=Integrate[cps,x]
Out[4]=
{((-196*Cos[x])/E^(2*x) - (95*x*Cos[x])/E^(2*x) +
   (50*x^2*Cos[x])/E^(2*x)
   +(203*Sin[x])/E^(2*x) + (210*x*Sin[x])/E^(2*x) +
     (100*x^2*Sin[x])/E^(2*x))/500,
  ((16*Cos[x])/E^(2*x) - (5*x*Cos[x])/E^(2*x) -
  (13*Sin[x])/E^(2*x) - (10*x*Sin[x])/E^(2*x))/50,
   (12*x - x*Cos[x] - 3*Sin[x])/4}
```

3.6 Lineare Differentialgleichungen n-ter Ordnung

Wir betrachten zunächst die homogene Gleichung n-ter Ordnung (3.12).
Durch Einführung der mit (3.3) gegebenen Variablen wandeln wir die Gleichung n-ter Ordnung in das System 1. Ordnung (3.10) mit der Systemmatrix (3.13) um.

Satz 3.13 *n linear unabhängige Lösungen der homogenen Gleichung n-ter Ordnung (3.12) spannen ihren gesamten Lösungsraum auf.*

Beweis: Seien $y_1(x), \ldots, y_n(x)$ linear unabhängige Lösungen. Wir erweitern sie zu Lösungen des (3.12) entsprechenden Systems (3.10):

$$\begin{pmatrix} y_1(x) \\ y_1'(x) \\ \vdots \\ y_1^{(n-1)}(x) \end{pmatrix}, \quad \ldots, \quad \begin{pmatrix} y_n(x) \\ y_n'(x) \\ \vdots \\ y_n^{(n-1)}(x) \end{pmatrix}.$$

Mit den Funktionen $y_1(x), \ldots, y_n(x)$ sind auch die entsprechenden vektorwertigen Funktionen linear unabhängig. Dies bedeutet, daß die entsprechende Wronskische Determinante

$$\begin{vmatrix} y_1(x) & y_2(x) & \cdots & y_n(x) \\ y_1'(x) & y_2'(x) & \cdots & y_n'(x) \\ y_1''(x) & y_2''(x) & \cdots & y_n''(x) \\ \vdots & \vdots & \cdots & \vdots \\ y_1^{(n-1)}(x) & y_2^{(n-1)}(x) & \cdots & y_n^{(n-1)}(x) \end{vmatrix} \tag{3.16}$$

nicht verschwindet. Damit bilden die obigen Lösungsvektoren ein Fundamentalsystem des homogenen Systems (3.10) und jede weitere Lösung des homogenen Systems kann durch eine Linearkombination

$$c_1 \begin{pmatrix} y_1(x) \\ y_1'(x) \\ \vdots \\ y_1^{(n-1)}(x) \end{pmatrix} + \quad \ldots \quad + c_n \begin{pmatrix} y_n(x) \\ y_n'(x) \\ \vdots \\ y_n^{(n-1)}(x) \end{pmatrix}$$

hergestellt werden. Jede Lösung der Differentialgleichung n-ter Ordnung (3.12) wird nun durch eine Linearkombination

$$c_1 y_1(x) + \quad \ldots \quad + c_n y_n(x)$$

dargestellt. □

Bemerkung: Gleichzeitig haben wir bewiesen, daß n Lösungen $y_1(x), \ldots, y_n(x)$ genau dann den Lösungsraum der homogenen Differentialgleichung n-ter Ordnung aufspannen, wenn ihre Wronskische Determinante (3.16) nicht verschwindet. Wir sprechen dann wiederum von einem Fundamentalsystem.

Wir betrachten nun die inhomogene Gleichung n-ter Ordnung (3.11), die wir völlig analog zum homogenen Fall in das System erster Ordnung (3.9) mit der Inhomogenität (3.14) umwandeln. Entsprechend zu Satz 2.4 und Satz 3.12 kann man zeigen:

Satz 3.14 *Bilden die Lösungen $y_1(x), \ldots, y_n(x)$ ein Fundamentalsystem der homogenen Gleichung und ist $y_p(x)$ irgend eine partikuläre Lösung der inhomogenen Gleichung, so läßt sich jede beliebige Lösung $y(x)$ der inhomogenen Gleichung in der Form*

$$y(x) = c_1 y_1(x) \ldots + c_n y_n(x) + y_p(x)$$

mit Konstanten $c_1, \ldots, c_n$ darstellen.

Ist ein Fundamentalsystem bekannt, so erhalten wir eine partikuläre Lösung durch Variation der Konstanten mit dem Ansatz:

$$Y_p(x) = W(x)C_p(x)\,, \quad C_p(x) = \int_{x_0}^{x} (W(t))^{-1}\, B(t)\, \mathrm{d}t$$

mit

$$W(x) = \begin{pmatrix} y_1(x) & y_2(x) & \cdots & y_n(x) \\ y_1'(x) & y_2'(x) & \cdots & y_n'(x) \\ y_1''(x) & y_2''(x) & \cdots & y_n''(x) \\ \vdots & \vdots & \cdots & \vdots \\ y_1^{(n-1)}(x) & y_2^{(n-1)}(x) & \cdots & y_n^{(n-1)}(x) \end{pmatrix}$$

und

$$Y_p(x) = \begin{pmatrix} y_p(x) \\ y_p'(x) \\ y_p''(x) \\ \vdots \\ y_p^{(n-2)}(x) \\ y_p^{(n-1)}(x) \end{pmatrix}.$$

Betrachten wir den Fall $n = 2$, so zeigt sich, daß man mit dem Ansatz

$$\begin{aligned} y_p(x) &= c_{p1}(x)y_1(x) + c_{p2}(x)y_2(x) \\ y_p'(x) &= c_{p1}(x)y_1'(x) + c_{p2}(x)y_2'(x) \end{aligned}$$

in die inhomogene Differentialgleichung (3.11) hineingeht und das Gleichungssystem

$$\begin{aligned} c_{p1}(x)y_1(x) + c_{p2}(x)y_2(x) &= 0 \\ c_{p1}(x)y_1'(x) + c_{p2}(x)y_2'(x) &= r(x) \end{aligned}$$

erhält.

Im Fall $n = 3$ zeigt sich, daß man mit dem Ansatz

$$\begin{aligned} y_p(x) &= c_{p1}(x)y_1(x) + c_{p2}(x)y_2(x) + c_{p3}(x)y_3(x) \\ y_p'(x) &= c_{p1}(x)y_1'(x) + c_{p2}(x)y_2'(x) + c_{p3}(x)y_3'(x) \\ y_p''(x) &= c_{p1}(x)y_1''(x) + c_{p2}(x)y_2''(x) + c_{p3}(x)y_3''(x) \end{aligned}$$

in die inhomogene Differentialgleichung (3.11) hineingeht und das Gleichungssystem

$$\begin{aligned} c_{p1}(x)y_1(x) + c_{p2}(x)y_2(x) + c_{p3}(x)y_3(x) &= 0 \\ c_{p1}(x)y_1'(x) + c_{p2}(x)y_2'(x) + c_{p3}(x)y_3'(x) &= 0 \\ c_{p1}(x)y_1''(x) + c_{p2}(x)y_2''(x) + c_{p3}(x)y_3''(x) &= r(x) \end{aligned}$$

erhält.

3.7 Lösung durch Potenzreihenentwicklung

Wir betrachten das Anfangswertproblem für eine lineare, inhomogene Differentialgleichung zweiter Ordnung

$$y'' + a_1(x)y' + a_0(x)y = r(x)\,, \quad y(x_0) = y_0\,, \quad y'(x_0) = y_1\,.$$

Anders als bei unseren früheren Überlegungen werde jetzt vorausgesetzt, daß die Koeffizienten $a_0(x)\,, a_1(x)$ und die rechte Seite $r(x)$ in einem Intervall $|x - x_0| < \rho$ in absolut konvergente Potenzreihen

$$a_1(x) = \sum_{j=0}^{\infty} a_{1_j}(x - x_0)^j\,, \quad a_0(x) = \sum_{j=0}^{\infty} a_{0_j}(x - x_0)^j\,,$$

und

$$r(x) = \sum_{j=0}^{\infty} r_j(x - x_0)^j$$

entwickelt werden können.

Ziel ist es nun, auch die Lösung $y(x)$ des Anfangswerproblems in Gestalt einer im Intervall $|x - x_0| < \rho$ absolut konvergenten Potenzreihe

$$y(x) = \sum_{j=0}^{\infty} y_j(x - x_0)^j$$

anzugeben.

Wir beginnen mit einem einfachen
Beispiel:

$$y'' - \alpha y = 0\,, \quad y(0) = y_0\,, \quad y'(0) = y_1\,,$$

mit einer beliebigen Konstanten α.
Wenn sich die Lösung in eine absolut konvergente Potenzreihe

$$y(x) = \sum_{j=0}^{\infty} y_j x^j$$

entwickeln läßt, so bekommt man zunächst die ersten beiden Ableitungen

$$y'(x) = \sum_{j=0}^{\infty} y_{j+1}(j+1)x^j \quad \text{und} \quad y''(x) = \sum_{j=0}^{\infty} y_{j+2}(j+2)(j+1)x^j\,.$$

Offenbar erfüllt die Potenzreihe $y(x)$ bereits die Anfangsbedingungen, und wir versuchen die Koeffizienten $y_j\,, j \geq 2$ durch Einsetzen in die Differentialgleichung zu bestimmen.
Dies ergibt die Rekursionsformel

$$y_{j+2} = \frac{\alpha}{(j+2)(j+1)} y_j\,, \quad j \geq 0$$

mit den Startwerten y_0 und y_1.
Wir setzen diese Formel in ein Programm um:

```
dgp[n_Integer]:=Block[{y0,y1},
                      y[0]=y0;
                      y[1]=y1;
                      y[j_]:=If[j>=2,alpha y[j-2]/(j (j-1))];
                      Do[Print["y",j," = ",y[j]],{j,0,n}]
                     ]
```

Nun lassen sich zum Beispiel mit dem Aufruf dgp[7] die ersten acht Koeffizienten berechnen.

```
In[1]:= dgp[7]
y0 = y0

y1 = y1

y2 = (alpha*y0)/2

y3 = (alpha*y1)/6

y4 = (alpha^2*y0)/24

y5 = (alpha^2*y1)/120

y6 = (alpha^3*y0)/720

y7 = (alpha^3*y1)/5040
```

Hieraus ergibt sich mit vollständiger Induktion

$$y_j = \begin{cases} y_0 \frac{\alpha^k}{(2k)!} & , \text{ falls } \quad j = 2k \\ y_1 \frac{\alpha^k}{(2k+1)!} & , \text{ falls } \quad j = 2k+1 \end{cases},$$

und das Wurzel-(oder das Quotienten)kriterium liefern die absolute Konvergenz der Reihe

$$y(x) = \sum_{j=0}^{\infty} y_j x^j$$

für alle $x \in \mathbb{R}$.
Durch Umkehrung der Überlegungen, die auf die notwendige Gestalt der Reihe $y(x)$ geführt haben, bestätigt man, daß sie tatsächlich die Lösung des Anfangswertproblems darstellt.
Wir wollen die Lösung noch in eine vertrautere Form bringen.

Falls $\alpha = 0$ erhält man

$$y_j = 0 \quad \text{für} \quad j \geq 2$$

und damit die Lösung

$$y(x) = y_0 + y_1 x\,.$$

Falls $\alpha > 0$, schreiben wir die y_j als

$$y_j = \begin{cases} y_0 \frac{(\sqrt{\alpha})^{2k}}{(2k)!} & , \text{ falls } \; j = 2k \\ \frac{y_1}{\sqrt{\alpha}} \frac{(\sqrt{\alpha})^{2k+1}}{(2k+1)!} & , \text{ falls } \; j = 2k+1 \end{cases}$$

und falls $\alpha < 0$ als

$$y_j = \begin{cases} y_0 (-1)^k \frac{(\sqrt{-\alpha})^{2k}}{(2k)!} & , \text{ falls } \; j = 2k \\ \frac{y_1}{\sqrt{-\alpha}} (-1)^k \frac{(\sqrt{-\alpha})^{2k+1}}{(2k+1)!} & , \text{ falls } \; j = 2k+1 \end{cases}.$$

Damit nimmt die Lösung im Fall $\alpha > 0$ die Gestalt an

$$\begin{aligned} y(x) &= \sum_{j=0}^{\infty} y_j x^j \\ &= y_0 \sum_{k=0}^{\infty} \frac{(\sqrt{\alpha})^{2k}}{(2k)!} x^{2k} + \frac{y_1}{\sqrt{\alpha}} \sum_{k=0}^{\infty} \frac{(\sqrt{\alpha})^{2k+1}}{(2k+1)!} x^{2k+1} \\ &= \left(\frac{y_0}{2} + \frac{y_1}{2\sqrt{\alpha}} \right) e^{\sqrt{\alpha} x} + \left(\frac{y_0}{2} - \frac{y_1}{2\sqrt{\alpha}} \right) e^{-\sqrt{\alpha} x} \end{aligned}$$

und im Fall $\alpha < 0$:

$$\begin{aligned} y(x) &= \sum_{j=0}^{\infty} y_j x^j \\ &= y_0 \sum_{k=0}^{\infty} (-1)^k \frac{(\sqrt{-\alpha})^{2k}}{(2k)!} x^{2k} + \frac{y_1}{\sqrt{-\alpha}} \sum_{k=0}^{\infty} (-1)^k \frac{(\sqrt{-\alpha})^{2k+1}}{(2k+1)!} \\ &= y_0 \cos\left(\sqrt{-\alpha} x\right) + \frac{y_1}{\sqrt{-\alpha}} \sin\left(\sqrt{-\alpha} x\right). \end{aligned}$$

Nun zum allgemeinen Fall:

Satz 3.15 *Wenn die Koeffizientenfunkionen* $a_0(x)\,, a_1(x)$ *und die rechte Seite* $r(x)$ *der Differentialgleichung*

$$y'' + a_1(x) y' + a_0(x) y = r(x)$$

in einem Intervall $|x - x_0| < \rho$ *in absolut konvergente Potenzreihen entwickelt werden konnen, dann kann die Lösung des Anfangswertproblems*

$$y(x_0) = y_0\,, \quad y'(x_0) = y_1$$

dort ebenfalls in eine absolut konvergente Potenzreihe

$$y(x) = \sum_{j=0}^{\infty} y_j (x - x_0)^j$$

entwickelt werden.

Beweis: Wir nehmen zunächst an, daß die Lösung in eine Potenzreihe entwickelt werden kann und ziehen daraus Folgerungen.
Für die erste und zweite Ableitung erhält man

$$y'(x) = \sum_{j=0}^{\infty} y_{j+1}(j+1)(x - x_0)^j$$

und

$$y''(x) = \sum_{j=0}^{\infty} y_{j+2}(j+2)(j+1)(x - x_0)^j .$$

Einsetzen in die Differentialgleichung und Cauchy-Produkte bilden ergibt

$$\sum_{j=0}^{\infty} \left((j+2)(j+1)y_{j+2} + \sum_{k=0}^{j} (k+1)a_{1,j-k}y_{k+1} + \sum_{k=0}^{j} a_{0,j-k}y_k \right) (x - x_0)^j$$

$$= \sum_{j=0}^{\infty} r_j (x - x_0)^j .$$

Damit erhalten wir eine Rekursionsformel für die Entwicklungskoeffizienten y_j mit den Startwerten y_0 und y_1

$$y_{j+2} = -\frac{1}{(j+2)(j+1)} \left(\sum_{k=0}^{j} \left((k+1)a_{1,j-k}y_{k+1} + a_{0,j-k}y_k\right) - r_j \right) ,$$

$$j \geq 0 .$$

Durch die Rekursionsformel werden nun aber die Entwicklungskoeffizienten $y_j , j \geq 2$ eindeutig festgelegt.
Zur Vervollständigung des Beweises sind noch zwei Schritte zu tun.
1) Zeige, daß die Reihe konvergiert. Dies ist technisch etwas mühselig, und wir verweisen auf [3], S.292.
2) Zeige, daß die Reihe auch tatsächlich die Lösung des Anfangswertproblems darstellt. Dieser Nachweis ist aber mit den obigen Rechnungen bereits geführt. □

Wir geben die ersten drei Koeffizienten noch explizit an

$$y_0 , \quad y_1 , \quad y_2 = -\frac{1}{2}(a_{0,0}y_0 + a_{1,0}y_1 - r_0) .$$

Durch Induktion sieht man leicht, daß y_j die lineare Struktur

$$y_j = c_{0j}y_0 + c_{1j}y_1 + c_{rj}$$

besitzt.

Mathematica Programm:
Zur Auswertung der Rekursionsformel und zur Herstellung der n-ten Teilsumme der Reihenentwicklung der Lösung:

```
dgp[x0_,n_Integer]:=
      Block[{y0,y1,ytp,ytph,ytpi},
             y[0]=y0;
             y[1]=y1;
             s[j_]:=-Sum[(k+1) a1[j-k] y[k+1]+a0[j-k] y[k],
                    {k,0,j}]+r[j];
             Do[y[j+2]=s[j]/((j+2) (j+1)),{j,0,n}];
             ytp=Sum[y[j] (x-x0)^j,{j,0,n}];
             ytph=y0 D[ytp,y0]+y1 D[ytp,y1];
             ytpi=Simplify[ytp-ytph];
             ytp=ytph+ytpi;
             Print[n,"-te"," ","Teilsumme"," ","=",ytp]
           ]
```

Wenn man nun die Koeffizienten a_j , b_j und r_j eingibt, so erhält man mit

```
dgp[x0,n]
```

die n-te Teilsumme der Reihenentwicklung um den Punkt x_0. Wir haben die Lösung noch in der Form

$$y(x) = y_0 y_{h0}(x) + y_1 y_{h1}(x) + y_p(x)$$

mit einem Fundamentalsystem y_{h0} , y_{h1} der homogenen Gleichung und einer partikulären Lösung y_p der inhomogenen Gleichung angeordnet, wobei die Anfangsbedingungen

$$y_{h0}(x_0) = y_0 \, , y'_{h0}(x_0) = 0 \, ,$$

$$y_{h1}(x_0) = 0 \, , y'_{h1}(x_0) = y_1 \, ,$$

$$y_p(x_0) = 0 \, , y'_p(x_0) = 0$$

gelten.
Beispiel:

$$y'' + xy = 0 \, .$$

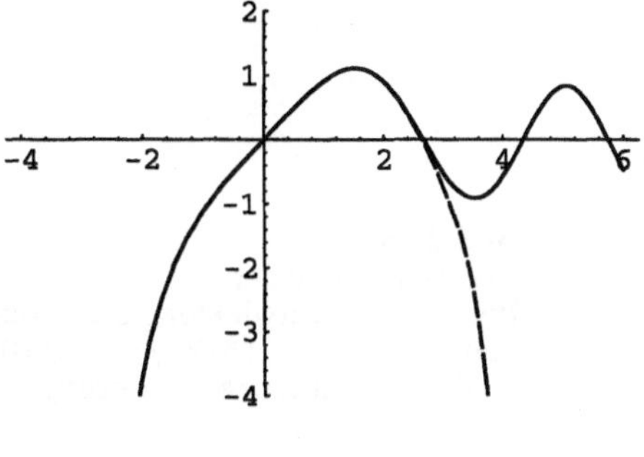

Bild 3.13
10-te Teilsumme der Potenzreihenentwicklung der Lösung von $y'' + xy = 0, y(0) = 0, y'(0) = 1$ mit exakter Losung

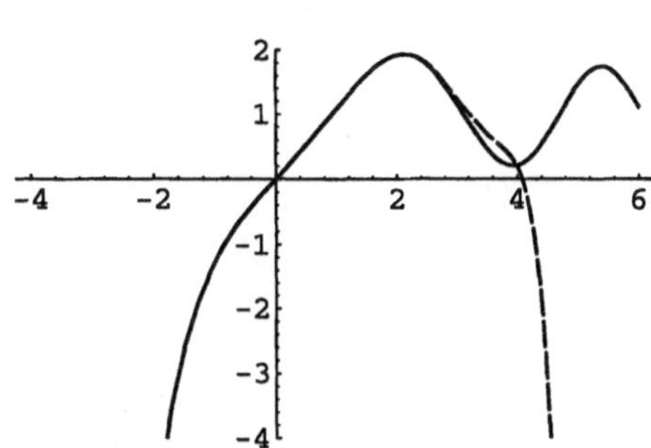

Bild 3.14
10-te Teilsumme der Potenzreihenentwicklung der Losung von $y'' + xy = x, y(0) = 0, y'(0) = 1$ mit exakter Lösung

```
In[1]:= a1[j_]:=0;
        a0[j_]:=0;
        r[j_]:=0;
        a0[1]=1;
In[5]:= dgp[0,10]

10-te Teilsumme =(1 - x^3/6 + x^6/180 - x^9/12960)*y0 +
                 (x - x^4/12 + x^7/504 - x^10/45360)*y1
```

Beispiel:

$$y'' + xy = x\,.$$

```
In[1]:= a1[j_]:=0;
        a0[j_]:=0;
        r[j_]:=0;
        a0[1]=1;
        r[1]=1;
In[6]:= dgp[0,10]

10-te Teilsumme =x^3/6 - x^6/180 + x^9/12960 +
                 (1 - x^3/6 + x^6/180 - x^9/12960)*y0 +
                 (x - x^4/12 + x^7/504 - x^10/45360)*y1
```

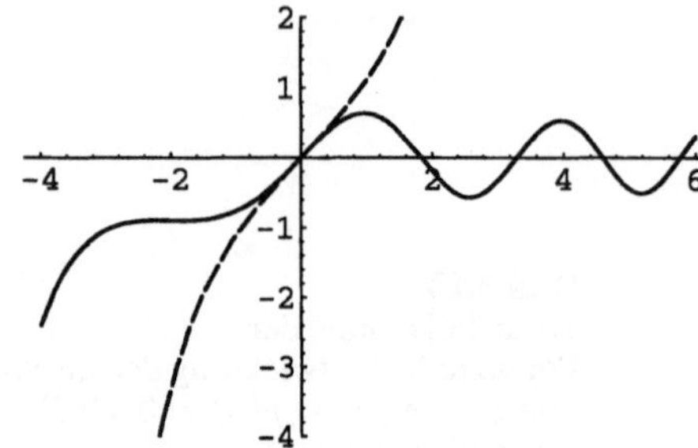

Bild 3.15
5-te Teilsumme der Potenzreihenentwicklung der Lösung von $y'' - 2xy' + (3/2)y = 0, y(0) = 0, y'(0) = 1$ mit exakter Losung

Beispiel:

$$y'' - 2xy' + \lambda y = 0\,.$$

```
In[1]:= a1[j_]:=0;
        a0[j_]:=0;
        r[j_]:=0;
        a1[1]=-2;
        a0[0]=la;
In[6]:= dgp[0,5]

5-te Teilsumme =(1 - (la*x^2)/2 +
                ((-2*la + la^2/2)*x^4)/12)*y0 +
                (x + ((2 - la)*x^3)/6 +
                ((2 - la - ((2 - la)*la)/6)*x^5)/20)*y1
```

4 Lineare Differentialgleichungen mit konstanten Koeffizienten

4.1 Lineare homogene Gleichungen *n*-ter Ordnung

Wenn eine lineare homogene Differentialgleichungen n-ter Ordnung

$$\begin{aligned} y^{(n)} + a_{n-1}y^{(n-1)} + a_{n-2}y^{(n-2)} + \cdots \\ +a_2y'' + a_1y' + a_0y = 0\,, \end{aligned} \tag{4.1}$$

konstante Koeffizienten hat, dann ist es möglich auf algebraischem Wege ein Fundamentalsystem zu bestimmen.

Wir führen zuerst den linearen Differentialoperator

$$\begin{aligned} L &= \frac{\mathrm{d}^n}{\mathrm{d}x^n} + a_{n-1}\frac{\mathrm{d}^{n-1}}{\mathrm{d}x^{n-1}} + a_{n-2}\frac{\mathrm{d}^{n-2}}{\mathrm{d}x^{n-2}} + \cdots \\ &\quad + a_2\frac{\mathrm{d}^2}{\mathrm{d}x^2} + a_1\frac{\mathrm{d}}{\mathrm{d}x} + a_0 \end{aligned} \tag{4.2}$$

ein. Offensichtlich ist eine Funktion $y(x)$ genau dann Lösung der Differentialgleichung, wenn

$$L(y(x)) = 0\,.$$

Wir sind wie stets an reellen Lösungen interessiert, lassen aber nun aus technischen Gründen vorübergehend auch komplexwertige Lösungen $y(x)$ zu. (Die Variable x verbleibt jedoch in $\mathbb{R}$). Da die Koeffizienten a_j, $j = 0, \ldots, n-1$, reell sind, gilt

$$L(y(x)) = \mathrm{Re}(L(y(x))) + i\mathrm{Im}(L(y(x))) = L(\mathrm{Re}(y(x))) + iL(\mathrm{Im}(y(x)))\,,$$

so daß mit einer (komplexwertigen) Losung der Differentialgleichung stets ihr Realteil und ihr Imaginärteil Lösungen bılden.

Wir machen folgenden Lösungsansatz

$$y(x) = e^{\lambda x}\,, \quad \lambda \in \mathbb{C}.$$

Damit bekommt man

$$L\left(e^{\lambda x}\right) = P(\lambda)e^{\lambda x}$$

mit dem zur Differentialgleichung gehörigen charakteristischen Polynom

$$\begin{aligned} P(\lambda) &= \lambda^n + a_{n-1}\lambda^{n-1} + a_{n-2}\lambda^{n-2} + \cdots \\ &\quad + a_2\lambda^2 + a_1\lambda + a_0\,. \end{aligned} \tag{4.3}$$

Da die Koeffizienten von $P(\lambda)$ reell sind, ist mit jeder komplexen Nullstelle λ auch die konjugiert komplexe Zahl $\bar{\lambda}$ Nullstelle von $P(\lambda)$.
Man sieht sofort, daß gilt:

$$L(y(x)) = 0 \quad \Longleftrightarrow \quad P(\lambda) = 0\,.$$

Das charakteristische Polynom $P(\lambda)$ hat den Grad n und besitzt somit n Nullstellen in $\mathbb{C}$.

Jede einfache reelle Nullstelle λ liefert folgende Lösung

$$y(x) = e^{\lambda x}\,.$$

Jede einfache komplexe Nullstelle $\lambda = p + iq$ liefert folgende reellen Lösungen

$$y(x) = e^{px}\cos(qx) \quad \text{und} \quad y(x) = e^{px}\sin(qx)\,.$$

Im Fall einer m-fachen Nullstelle machen wir folgenden Ansatz für $m-1$ weitere (komplexe) Lösungen

$$y(x) = x^{\jmath}e^{\lambda x}\,, \quad \jmath = 1, \ldots, m-1\,.$$

Bevor man den Operator L auf $x^{\jmath}e^{\lambda x}$ anwendet, überlegt man sich, daß

$$x^{\jmath}e^{\lambda x} = \frac{\partial^{\jmath}}{\partial\lambda^{\jmath}}\left(e^{\lambda x}\right)$$

und

$$\frac{\partial^k}{\partial x^k}\frac{\partial^l}{\partial\lambda^l}\left(e^{\lambda x}\right) = \lambda^k x^l e^{\lambda x} = x^l\lambda^k e^{\lambda x} = \frac{\partial^l}{\partial\lambda^l}\frac{\partial^k}{\partial x^k}\left(e^{\lambda x}\right)$$

gilt. Damit erhalten wir

$$\begin{aligned} L\left(x^{\jmath}e^{\lambda x}\right) &= L\left(\frac{\partial^{\jmath}}{\partial\lambda^{\jmath}}\left(e^{\lambda x}\right)\right) \\ &= \frac{\partial^{\jmath}}{\partial\lambda^{\jmath}}\left(L\left(e^{\lambda x}\right)\right) \\ &= \frac{\partial^{\jmath}}{\partial\lambda^{\jmath}}\left(P(\lambda)e^{\lambda x}\right) \\ &= \sum_{\nu=0}^{\jmath}\binom{\jmath}{\nu}\frac{\partial^{\nu}}{\partial\lambda^{\nu}}(P(\lambda))\,x^{\jmath-\nu}e^{\lambda x}\,. \end{aligned}$$

Ist eine komplexe Zahl λ m-fache Nullstelle des Polynoms $P(\lambda)$, so verschwinden auch die ersten $m-1$ Ableitungen in λ, d. h.

$$\frac{\partial^{\nu}}{\partial\lambda^{\nu}}(P(\lambda)) = 0\,, \quad \nu = 0, \ldots, m-1\,.$$

Somit liefert eine reelle m-fache Nullstelle λ m reelle Lösungen

$$y_1(x) = e^{\lambda x}\,, \quad y_2(x) = xe^{\lambda x}\,, \quad \ldots, \quad y_m(x) = x^{m-1}e^{\lambda x}\,.$$

Eine komplexe m-fache Nullstelle $\lambda = p + \imath q$ liefert $2m$ reelle Lösungen

$$y_1(x) = e^{px}\cos(qx)\,, \quad y_2(x) = xe^{px}\cos(qx)\,, \quad \ldots,$$

$$y_m(x) = x^{m-1}e^{px}\cos(qx)\,,$$

und

$$y_{m+1}(x) = e^{px}\sin(qx)\,, \quad y_{m+2}(x) = xe^{px}\sin(qx)\,, \quad \ldots,$$

$$y_{2m}(x) = x^{m-1}e^{px}\sin(qx)\,.$$

Man kann sich nun leicht davon überzeugen, daß sämtliche auf diese Weise erzeugten Lösungen linear unabhängig sind. Geht man also alle Nullstellen des charakteristischen Polynoms durch, so erhält man ein Fundamentalsystem. Hierbei braucht die konjugiert komplexe Nullstelle $\bar{\lambda}$ einer Nullstelle $\lambda \in \mathbb{C}$ nicht mehr betrachtet zu werden.

Lösungen mit *Mathematica*

Algorithmus:
zur Herstellung eines Fundamentalsystems
der linearen homogenen Gleichung mit konstanten Koeffizienten

$$y^{(n)} + a_{n-1}y^{(n-1)} + a_{n-2}y^{(n-2)} + \cdots + a_2y'' + a_1y' + a_0y = 0\,.$$

1. Stelle die charakteristische Gleichung auf:

$$P(\lambda) = \lambda^n + a_{n-1}\lambda^{n-1} + a_{n-2}\lambda^{n-2} + \cdots + a_2\lambda^2 + a_1\lambda + a_0\,.$$

2. Löse die charakteristische Gleichung.

3. Bilde zu jeder Nullstelle die obigen reellen Fundamentallösungen.
   Falls λ eine komplexe Nullstelle ist, ubergehe die konjugiert komplexe Nullstelle $\bar{\lambda}$.

Beispiele:
1) $n = 1$:

$$y' + a_0y = 0\,.$$

$$P(\lambda) = \lambda + a_0\,.$$

Nullstelle: $-a_0$.
Fundamentalsystem:

$$y_1 = e^{-a_0x}\,.$$

2) $n = 2$:

$$y'' + a_1y' + a_0y = 0\,.$$

$$P(\lambda) = \lambda^2 + a_1\lambda + a_0 .$$

Nullstellen: λ_1 , λ_2.
Fundamentalsystem:
a) $\lambda_1, \lambda_2 \in \mathbb{R}$.

$$y_1 = e^{\lambda_1 x}, \quad y_2 = e^{\lambda_2 x} .$$

b) $\lambda_1 = \lambda_2 \in \mathbb{R}$.

$$y_1 = e^{\lambda_1 x}, \quad y_2 = xe^{\lambda_1 x} .$$

c) $\lambda_1 , \lambda_2 \in \mathbb{C}, \lambda_1 = p + \imath q , \lambda_2 = p - \imath q$.

$$y_1 = e^{px} \cos(qx) , \quad y_2 = e^{px} \sin(qx) .$$

Mathematica Programm:
zur Herstellung eines Fundamentalssystems

```
fundsys[l_]:=Block[{pol1,sol,n1,s1,fs1,n,m,j,mi,c,ci},
                   pol1=chpol[l];
                   sol=Solve[pol1==0,la];
                   s1=la/.sol;
                   Print["Nullstellen:"];
                   Print[s1];
                   fs1={};
                   s2=vfach[s1];
                   Print["Vielfachheiten:"];
                   Print[s2];
                   n=Length[s1];
                   m=Length[s2];
                   j=0;
                   i=1;
                   i1=1;
                   While[i<=m,
                         mi=s2[[i]]-1;
                         j=j+s2[[i]];
                         c=Take[s1,j];
                         ci=Im[c[[j]]];
                         If[ci===0,
    Do[fs1=Append[fs1,x^{k} Exp[c[[j]] x]],{k,0,mi}],
                            a=Re[c[[j]]];
                            b=Im[c[[j]]];
                            bb=b //N;
                            If[bb<0,b=-1 b,b];
  Do[fs1=Append[fs1,x^{k} Exp[a x] Cos[b x] ],{k,0,mi}];
  Do[fs1=Append[fs1,x^{k} Exp[a x] Sin[b x] ],{k,0,mi}];
                            j=j+s2[[i]];
                            i=i+1
                           ];
                         i++
```

```
                        ];
                      Print["Fundamentalsystem:"];
                      fs1
                     ]

chpol[l_]:=Block[{la,list,n,pol,pol1},
                 list=l;
                 n=Length[list];
                 pol=0;
                 Do[pol=pol+list[[i]] la^{n-i},{i,1,n}];
                 pol1=pol[[1]];
                 Print["Charakteristisches Polynom:"];
                 Print["P(la)=",pol1];
                 pol1
                ]

vfach[li_]:=Block[{lis,anz,lu,x,zaehler,zaehler1},
            anz=Length[li];
            lu=li;
            x=0;
            i=0;
            lis={};
            zaehler=1;
            zaehler1=1;
              If[anz != 0,
                 x=lu[[1]];
                 lu=Rest[lu];
                 Do[If[Length[lu]>0,
                       If[x===lu[[1]],
                          zaehler=zaehler+1;
                          lu=Rest[lu],zaehler1=zaehler1+1;
                          la[zaehler1]=zaehler;
                          lis=Append[lis,la[zaehler1]];
                          x=lu[[1]];
                          zaehler=1;
                          lu=Rest[lu]],
                          i=anz;
                          la[zaehler1]=zaehler;
                          lis=Append[lis,la[zaehler1]]
                         ]
                      ],
                    {i,1,anz}
                   ]
                ];
            lis
                ]
```

Der Block fundsys ist folgendermaßen organisiert:
Man benötigt als Eingabe die Liste $l = \{1, a_{n-1}, a_{n-2}, \ldots, a_1, a_0\}$ der Koeffizienten der

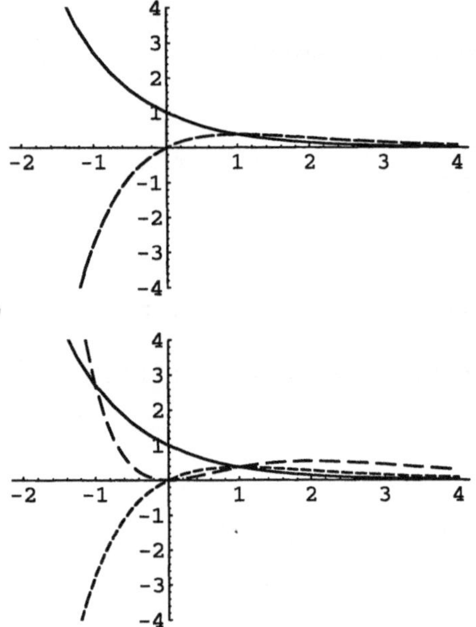

Bild 4.1
Ein Fundamentalsystem von
$y'' + 2y' + y = 0$

Bild 4.2
Ein Fundamentalsystem von
$y''' + 3y'' + 3y' + y = 0$

Differentialgleichung (4.1). `fundsys` ruft dann den Block `chpol` auf, der das charakteristische Polynom (4.3) aufstellt. Als nächstes werden seine Nullstellen berechnet. Im Block `vfach` werden aus der Liste der Nullstellen ihre Vielfachheiten ermittelt. Schließlich bildet `fundsys` die Beiträge jeder Nullstelle zum Fundamentalsystem.

Wir betrachten zur Demonstration einige **Beispiele**:

$$y'' + 2y' + y = 0 .$$

```
In[1]:= fundsys[{1,2,1}]

Charakteristisches Polynom:
P(la) = 1 + 2 la +la^2

Nullstellen:
{-1,-1}

Vielfachheiten:
{2}

Fundamentalsystem:
{{E^(-x)}, {x/E^x}}
```

$$y''' + 3y'' + 3y' + y = 0 .$$

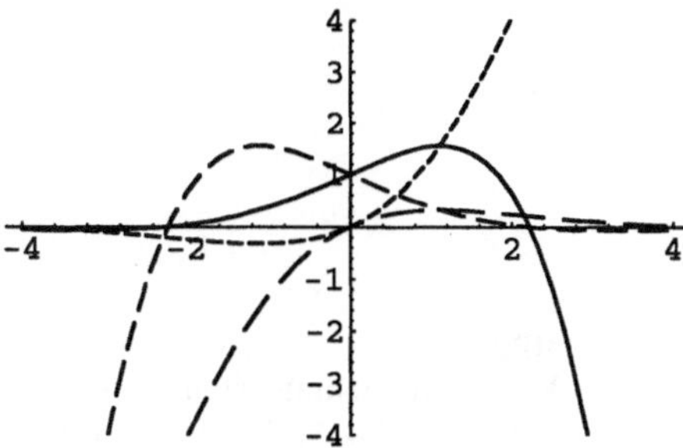

Bild 4.3
Ein Fundamentalsystem von
$y^{(4)} + y = 0$

```
In[1]:= fundsys[{1,3,3,1}]

Charakteristisches Polynom:
P(la) = 1 + 3 la + 3 la^2 + la^3

Nullstellen:
{-1,-1,-1}

Vielfachheiten:
{3}

Fundamentalsystem:
{{E^(-x)}, {x/E^x}, {x^2/E^x}}
```

$$y^{(4)} + y = 0\,.$$

```
In[1]:= fundsys[{1,0,0,0,1}]

Charakteristisches Polynom:
P(la) = 1 + la^4

Nullstellen:
{(-1)^(1/4),(-1)^(3/4),(-1)^(5/4),(-1)^(7/4)}

Vielfachheiten:
{1,1,1,1}

Fundamentalsystem:
{{E^(x/2^(1/2))*Cos[x/2^(1/2)]},
 {E^(x/2^(1/2))*Sin[x/2^(1/2)]},
 {Cos[x/2^(1/2)]/E^(x/2^(1/2))},
 {Sin[x/2^(1/2)]/E^(x/2^(1/2))}}
```

Im folgenden Beispiel geben wir nur noch die Nullstellen und das Fundamentalsystem aus:

$$y^{(4)} - 4y''' + 5y'' - 4y' + y = 0\,.$$

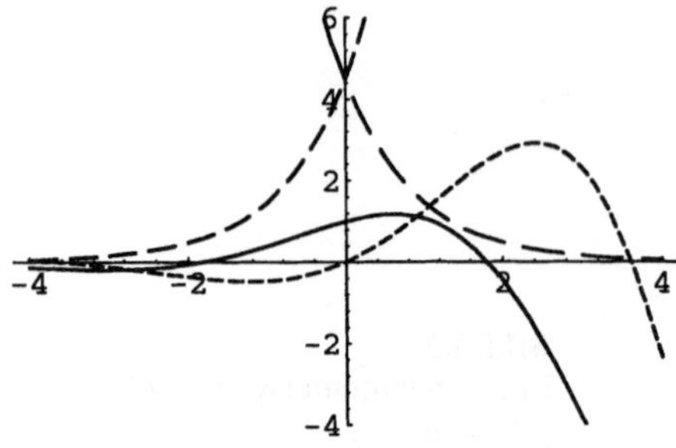

Bild 4.4
Ein Fundamentalsystem von
$y^{(4)} - 4y''' + 5y'' - 4y' + y = 0$

```
In[1]:= fundsys[{1,-4,5,-4,1}]

Nullstellen:
{(1+I*Sqrt[3])/2,(1-I*Sqrt[3])/2,(3+Sqrt[5])/2,
(3-Sqrt[5])/2}

Fundamentalsystem:
{{E^[x/2]Cos[Sqrt[3]x/2]},{E^[x/2] Sin[Sqrt[3]x/2]},
{E^[(3+Sqrt[5]x)/2]},{E^[(3-Sqrt[5]x)/2]}}
```

Also

$$\lambda_1 = \frac{1+\imath\sqrt{3}}{2}, \quad \lambda_2 = \frac{1-\imath\sqrt{3}}{2},$$

$$\lambda_3 = \frac{3+\sqrt{5}}{2}, \quad \lambda_4 = \frac{3-\sqrt{5}}{2}$$

und

$$y_1(x) = e^{\frac{x}{2}} \cos\left(\frac{\sqrt{3}x}{2}\right), \quad y_2(x) = e^{\frac{x}{2}} \sin\left(\frac{\sqrt{3}x}{2}\right),$$

$$y_3(x) = e^{\frac{3+\sqrt{5}}{2}x}, \quad y_4(x) = e^{\frac{3-\sqrt{5}}{2}x}.$$

Betrachten wir nun (4.1) zusammen mit der Anfangsbedingung

$$y(x_0) = y_0, \quad y'(x_0) = y_0', \ldots,$$

$$y^{(n-2)}(x_0) = y_0^{(n-2)}, \quad y^{(n-1)}(x_0) = y_0^{(n-1)}.$$

Wenn ein Fundamentalsystem $y_1(x), \ldots, y_n(x)$ gefunden ist, dann ergibt sich die Lösung des Anfangswertproblems als Linearkombination

$$y(x) = c_1 y_1(x) + \ldots + c_n y_n(x).$$

Die Koeffizienten $c_1, \ldots, c_n$ müssen gemäß der Umwandlung von (4.1) in ein System aus dem linearen Gleichungssystem

$$\begin{pmatrix} y_1(x_0) & y_2(x_0) & \cdots & y_n(x_0) \\ y_1'(x_0) & y_2'(x_0) & \cdots & y_n'(x_0) \\ y_1''(x_0) & y_2''(x_0) & \cdots & y_n''(x_0) \\ \vdots & \vdots & \cdots & \vdots \\ y_1^{(n-1)}(x_0) & y_2^{(n-1)}(x_0) & \cdots & y_n^{(n-1)}(x_0) \end{pmatrix} \begin{pmatrix} c_1 \\ c_2 \\ c_3 \\ \vdots \\ c_n \end{pmatrix} = \begin{pmatrix} y_0 \\ y_0' \\ y_0'' \\ \vdots \\ y_0^{(n-1)} \end{pmatrix}$$

bestimmt werden.

Wir konnen die Lösung des Anfangswertproblems leicht mit *Mathematica* durchführen, indem wir auf den Block `fundsys` zur Bestimmung eines Fundamentalsystems zurückgreifen und `LinearSolve` zur Lösung eines linearen Gleichungssystems verwenden:

```
dna[l_,x0_,ya0_]:=Block[{c,fs,wm,ya},
        g=Length[l]-1;
        fs=fundsys[l];
        Do[
           Do[
           ma[i,j]=D[fs[[i,1]],{x,j}]
                    /.{x->x0},{j,0,g-1}],
           {i,1,g}];
        wm=Table[ma[i,j],{j,0,g-1},{i,1,g}];
        c=Simplify[LinearSolve[wm,ya0]];
        ya=Sum[c[[k]] fs[[k,1]],{k,1,g}]
                    ]
```

Der Block `dna` benötigt die Koeffizienten der Differentialgleichung (4.1) (wie `fundsys`) und den Anfangspunkt $(x0, ya0) = (x_0, y_0, y_0', \ldots, y_0^{(n-1)})$. Er ermittelt dann mit `fundsys` ein Fundamentalsystem, stellt die Wronskische Matrix auf, wertet sie an der Stelle x_0 aus und lost das lineare Gleichungssystem, aus dem sich die Koeffizienten c_j ergeben.

Beispiel:

$$y''' + 3y'' + 3y' + 2y = 0\,,$$
$$y(0) = 3\,,\quad y'(0) = 0\,,\quad y''(0) = 2\,.$$

```
In[1]:= dna[{1,3,3,2},0,{3,0,2}]
Out[1]=
(5 + 4*E^((3*x)/2)*Cos[(3^(1/2)*x)/2] +
    8*3^(1/2)*E^((3*x)/2)*Sin[(3^(1/2)*x)/2])/(3*E^(2*x))
```

Man kann bei dieser Rechnung natürlich auch über komplexe Lösungen gehen, was häufig auch für *Mathematica* bequemer ist.
Man stellt ein komplexes Fundamentalsystem auf, bildet damit die Wronskische Matrix und löst das lineare Gleichungssystem

$$W(0)\vec{c} = \begin{pmatrix} y_0 \\ y_0' \\ y_0'' \end{pmatrix}.$$

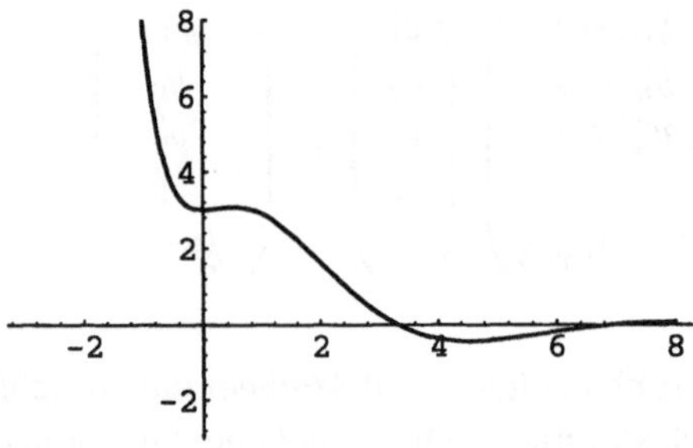

Bild 4.5
Lösung von $y''' + 3y'' + 3y' + 2y = 0\,, y(0) = 3, y'(0) = 0, y''(0) = 2$

Man erhält dann eine komplexe Lösung

$$y(x) = c_1 y_1(x) + c_2 y_2(x) + c_3 y_3(x)\,,$$

deren Realteil das (reelle) Anfangswertproblem löst.

Ein *Mathematica* Programm hierfür könnte so aussehen:

Eingabe der Nullstellen des charakteristischen Polynoms und Aufstellen eines Fundamentalsystems:

```
In[1]:= la1=-2;
        la2=-1/2+I 3^(1/2)/2;
        la3=-1/2-I 3^(1/2)/2;
        y[1,x_]:=Exp[la1 x];
        y[2,x_]:=Exp[la2 x];
        y[3,x_]:=Exp[la3 x];
```

Aufbau der Wronskischen Matrix:

```
In[7]:= m[i_,j_,x_]:=D[y[i,x],{x,j}];
        ma[i_,j_]:=m[i,j,x] /. {x->0};
```

Bestimmung des Koeffizientenvektors $\vec{c}$, Aufstellen der komplexen Lösung und Bestimmen ihres Realteils:

```
In[9]:=
wm=Table[ma[i,j],{j,0,2},{i,1,3}];
b={3,0,2};
c=LinearSolve[wm,b];
cl=c[[1]] y[1,x] + c[[2]] y[2,x] + c[[3]] y[3,x];
rl=Simplify[ComplexExpand[Re[cl[x]]]]
```

Resultat:

```
Out[13]=
(5 + 4*E^((3*x)/2)*Cos[(3^(1/2)*x)/2] +
    8*3^(1/2)*E^((3*x)/2)*Sin[(3^(1/2)*x)/2])/(3*E^(2*x))
```

Also wie vorhin

$$\frac{5}{3}e^{-2x} + \frac{4}{3}e^{-\frac{1}{2}x}\cos\left(\frac{\sqrt{3}}{2}x\right) + \frac{8}{\sqrt{3}}e^{-\frac{1}{2}x}\sin\left(\frac{\sqrt{3}}{2}x\right).$$

(Mit den Befehlen `Re` und `Im` kann man den Realteil bzw. den Imaginärteil einer komplexen Zahl bestimmen. `ComplexExpand` dient dazu, einen Ausdruck auszumultiplizieren unter der Annahme, daß alle darin auftretenden Variablen reell sind).

4.2 Eine Operatormethode

Wir wollen jetzt eine zur Variation der Konstanten alternative Methode zur Herstellung partikulärer Lösungen der inhomogenen linearen Differentialgleichung n-ter Ordnung mit konstanten Koeffizienten

$$y^{(n)} + a_{n-1}y^{(n-1)} + a_{n-2}y^{(n-2)} + \ldots + a_1y' + a_0y = r(x) \tag{4.4}$$

herleiten. Die Inhomogenität $r(x)$ sei dabei wiederum eine in einem Intervall I stetige Funktion.

Zunächst formulieren wir die homogene Gleichung

$$L(y) = 0$$

mit dem Operator (4.2) und betrachten ihr charakteristisches Polynom $P(\lambda)$, das durch (4.3) gegeben wird.
Mit den n (komplexen) Nullstellen $\lambda_1, \lambda_2, \ldots, \lambda_n$ – eine k-fache Nullstelle wird dabei k-mal aufgeführt – der charakteristischen Gleichung

$$P(\lambda) = 0$$

wollen wir

$$P(\lambda) = (\lambda - \lambda_1)(\lambda - \lambda_2)\cdots(\lambda - \lambda_n)$$

faktorisieren.
Nun führen wir den Operator

$$\mathrm{d}_x = \frac{\mathrm{d}}{\mathrm{d}x}$$

ein, mit dem die Differentialgleichung (4.4) die Gestalt

$$L(y) = P(\mathrm{d}_x)(y) = r(x)$$

annimmt.
Da die Koeffizienten konstant sind, kann der Differentialoperator L faktorisiert werden:

$$L = P(\mathrm{d}_x) = (\mathrm{d}_x - \lambda_1) \circ (\mathrm{d}_x - \lambda_2) \circ \cdots \circ (\mathrm{d}_x - \lambda_n).$$

Übrigens spielt die Reihenfolge hier keine Rolle, da auf komplexwertige Funktionen reeller Argumente wirkende Operatoren der Gestalt

$$L_\lambda = (\mathrm{d}_x - \lambda)\,, \quad \lambda \in \mathbb{C}$$

stets miteinander vertauschbar sind.

Der Operator L_λ ist natürlich nicht umkehrbar. Weil aber mit einem beliebigen festen $x_0 \in I$ gilt

$$(\mathrm{d}_x - \lambda)\left(e^{\lambda x}\int_{x_0}^{x} e^{-\lambda\xi} f(\xi)\,\mathrm{d}\xi\right) = f(x)\,,$$

führen wir das Symbol L_λ^{-1} für den auf komplexwertige Funktionen reeller Argumente wirkenden Operator $e^{\lambda x}\int_{x_0}^{x}\mathrm{d}\xi e^{-\lambda\xi}$ ein:

$$L_\lambda^{-1}(f(x)) = (\mathrm{d}_x - \lambda)^{-1}(f(x)) = e^{\lambda x}\int_{x_0}^{x} e^{-\lambda\xi} f(\xi)\,\mathrm{d}\xi\,.$$

Bemerkung: Die Operatoren L_λ und L_λ^{-1} sind linear.

Zwei Operatoren L_λ^{-1} und L_μ^{-1} sind ebenfalls vertauschbar. Denn für eine beliebige auf I stetige Funktion stellt

$$y_p(x) = e^{\lambda x}\int_{x_0}^{x} e^{-\lambda\xi} e^{\mu\xi}\left(\int_{x_0}^{\xi} e^{-\mu\eta} f(\eta)\,\mathrm{d}\eta\right)\mathrm{d}\xi \tag{4.5}$$

diejenige Lösung der Differentialgleichung

$$y'' - (\lambda+\mu)y' + \lambda\mu y = ((\mathrm{d}_x - \lambda)\circ(\mathrm{d}_x - \mu))(y) = f(x) \tag{4.6}$$

dar, die die Anfangsbedingung $y(x_0) = y'(x_0) = 0$ erfüllt.

Daß der Ausdruck (4.5) die Anfangsbedingung und die Differentialgleichung (4.6) erfüllt, bestätigt man durch Nachrechnen.

Daß die Gleichung (4.6) genau eine (komplexwertige) Lösung mit $y(x_0) = y'(x_0) = 0$ besitzt, kann man sich klarmachen, indem man (4.6) zunächst in Realteil und Imaginärteil zerlegt und dann eine Umwandlung in ein lineares System erster Ordnung mit konstanten Koeffizienten für vier gesuchte Funktionen vornimmt.

Ferner bemerken wir noch, daß die partikuläre Lösung

$$e^{\lambda x}\int_{x_0}^{x} e^{-\lambda\xi} e^{\mu\xi}\left(\int_{x_0}^{\xi} e^{-\mu\eta} f(\eta)\,\mathrm{d}\eta\right)\mathrm{d}\xi$$

reell ist, wenn $\lambda = \bar{\mu}$ gilt.

Was wir uns eben für die Gleichung (4.6) überlegt haben, läßt sich nun leicht auf den allgemeinen Fall übertragen.

Durch

$$L_{\lambda_n}^{-1} \circ L_{\lambda_{n-1}}^{-1} \circ \cdots \circ L_{\lambda_1}^{-1}(r(x)) =$$

$$e^{\lambda_n x}\int_{x_0}^{x} e^{-\lambda_n\xi_n}\left(e^{\lambda_{n-1}\xi_n}\int_{x_0}^{\xi_n}\left(e^{-\lambda_{n-1}\xi_{n-1}}\left(\dots\right.\right.\right.$$
$$\left.\left.\left.e^{\lambda_1\xi_2}\int_{x_0}^{\xi_2} e^{-\lambda_1\xi_1} r(\xi_1)\,\mathrm{d}\xi_1\right)\,\mathrm{d}\xi_2\right)\cdots\right)\,\mathrm{d}\xi_n \tag{4.7}$$

wird diejenige Lösung der inhomogenen Gleichung (4.4) gegeben, die die Anfangsbedingung

$$y(x_0) = y'(x_0) = y''(x_0) = \cdots = y^{(n-1)}(x_0) = 0$$

erfullt. (Diese Lösung ist immer reell, auch wenn das charakteristische Polynom komplexe Nullstellen hat).

Im Fall $n = 2$ lautet (4.7):

$$L_{\lambda_2}^{-1}\circ L_{\lambda_1}^{-1}(r(x)) = e^{\lambda_2 x}\int_{x_0}^{x} e^{-\lambda_2\xi_2}\left(e^{\lambda_1\xi_2}\int_{x_0}^{\xi_2} e^{-\lambda_1\xi_1} r(\xi_1)\,\mathrm{d}\xi_1\right)\mathrm{d}\xi_2$$

und im Fall $n = 3$:

$$L_{\lambda_3}^{-1}\circ L_{\lambda_2}^{-1}\circ L_{\lambda_1}^{-1}(r(x)) =$$
$$e^{\lambda_3 x}\int_{x_0}^{x} e^{-\lambda_3\xi_3}\left(e^{\lambda_2\xi_3}\int_{x_0}^{\xi_3} e^{-\lambda_2\xi_2}\left(e^{\lambda_1\xi_2}\int_{x_0}^{\xi_2} e^{-\lambda_1\xi_1} r(\xi_1)\,\mathrm{d}\xi_1\right)\mathrm{d}\xi_2\right)\mathrm{d}\xi_3\,.$$

Bemerkung: Bei der Ansatzmethode betrachtet man spezielle Inhomogenitäten vom Typ

$$r(x) = (r_0 + r_1 x + r_2 x^2 + \cdots r_m x^m)e^{\lambda_0 x}$$

mit reellen Konstanten $r_0, r_1, r_2, \dots, r_m$ und einer Konstanten $\lambda_0 \in \mathbb{C}$ und sucht nach einer komplexwertigen partikulären Losung von (4.4).

Man macht sich zuerst klar, daß es zu einem Polynom $q(x)$ m-ten Grades ein Polynom $Q(x)$ m-ten Grades gibt, so daß

$$\int q(x)e^{\mu x}\,\mathrm{d}x = \begin{cases} Q(x)e^{\mu x} & , \quad \mu \neq 0 \\ xQ(x) & , \quad \mu = 0 \end{cases}$$

gilt. Offenbar muß $Q(x)$ nur so bestimmt werden, daß

$$Q'(x) + \mu Q(x) = q(x)\,.$$

Bei einer Inhomogenität vom obigen Typ liefert dann die Operatormethode eine partikuläre Lösung der Gestalt

$$y_p(x) = x^{k-1}R(x)e^{\lambda_0 x} + y(x)$$

(zu verschwindenden ersten $n-1$ Ableitungen im Punkte x_0). Hierbei ist k die Vielfachheit von λ_0 als Nullstelle des charakteristischen Polynoms, $R(x)$ ein Polynom vom Grad m und $y(x)$ eine Lösung der homogenen Gleichung. Die Ansatzmethode besteht nun darin, daß man mit dem Ansatz

$$y_p(x) = x^{k-1}R(x)e^{\lambda_0 x}$$

in die inhomogene Differentialgleichung hineingeht und dann durch Koeffizientenvergleich das Polynom $R(x)$ bestimmt.

Lösungen mit *Mathematica*

Mathematica Programm:
zur Herstellung der Lösung des Anfangswertproblems:

$$y^{(n)} + a_{n-1}y^{(n-1)} + a_{n-2}y^{(n-2)} + \ldots + a_1y' + a_0y = r(x),$$

$$y(x_0) = y'(x_0) = y''(x_0) = \cdots y^{(n-1)}(x_0) = 0.$$

```
op[l_,x0_]:=
  Block[{n,nst,pol1,sol,r1,s1,xi},
  pol1=chpol[l];
  sol=Solve[pol1==0,la];
  nst=la/.sol;
  n=Length[nst];
  r1=r[x];
  Do[
    r1=r1/. x->xi;
    s1=Integrate[Exp[-nst[[k]] xi] r1,{xi,x0,x}];
    r1=Simplify[Exp[nst[[k]] x] s1] ,{k,1,n}];
  Print["Partikulaere Loesung:"];
  yp=Simplify[ComplexExpand[r1]]
  ]
```

Der Block op benötigt die Definition der rechten Seite $r(x)$ und als Eingabe die Koeffizienten der Gleichung (4.4) und den Anfangspunkt.
Er ruft dann den Block chpol auf, der das charakteristische Polynom bildet. Dann werden die Nullstellen bestimmt und die Formel (4.7) ausgewertet.

Bemerkung: Bei dieser Auswertung können natürlich Integrationen auftreten, die nicht geschlossen ausgeführt werden können, oder bei denen man *Mathematica* etwas unterstützen muß. Es empfiehlt sich in solchen Fällen die Integrationsschritte einzeln durchzugehen.
Beispiel:

$$y'' + 4y = e^{-3x}.$$

```
In[1]:= r[x_]:=Exp[-3 x]
In[2]:= op[{1,0,4},0]

Partikulaere Loesung:

Out[2]= 1/(13*E^(3*x)) - Cos[2*x]/13
         + (3*Sin[2*x])/26
```

Beispiel:

$$y''' - y'' + 4y' - 4y = e^{-3x}.$$

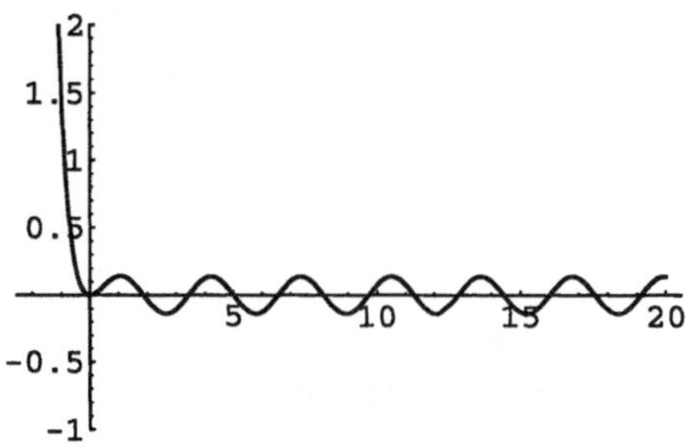

Bild 4.6
Eine Lösung von $y'' + 4y = e^{-3x}$

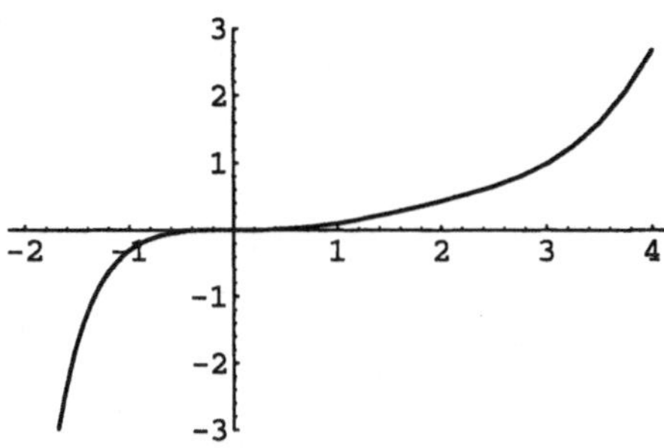

Bild 4.7
Eine Lösung von
$y''' - y'' + 4y' - 4y = e^{-3x}$

```
In[1]:= r[x_]:=Exp[-3 x]
In[2]:= op[{1,-1,4,-4},0]

Partikulaere Loesung:

Out[2]= -1/(52*E^(3*x)) + E^x/20 - (2*Cos[2*x])/65 -
         (7*Sin[2*x])/130
```

Beispiel:

$$y^{(4)} - 2y'' + y = \cos^3(x) .$$

```
In[1]:= r[x_]:=Cos[x]^3
In[2]:= op[{1,0,-2,0,1},0]

Partikulaere Loesung

Out[2]= (-38 - 38*E^(2*x) - 40*x + 40*E^(2*x)*x +
         75*E^x*Cos[x] + E^x*Cos[3*x])/(400*E^x)
```

Ein einfaches Problem, bei dem wir das Programm op etwas unterstützen müssen, zeigt das folgende
Beispiel:

$$y'' + y' + \frac{2}{3}y = 1 .$$

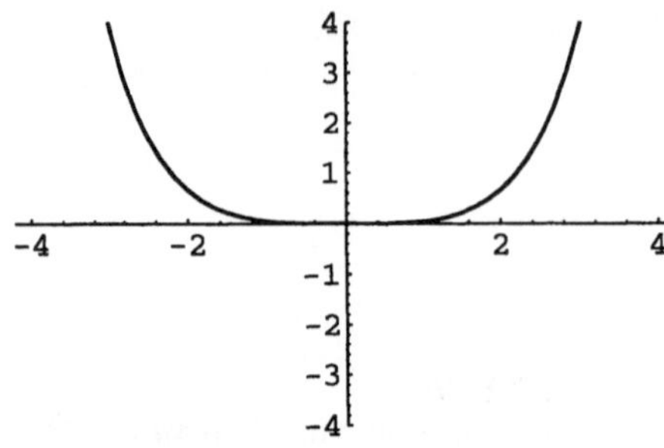

Bild 4.8
Eine Losung von
$y^{(4)} - 2y'' + y = \cos^3(x)$

```
In[1]:= r[x_]:=1
In[2]:= op[{1,1,2/3},0]

Partikulaere Loesung

Out[2]=
(3*(5*E^(x/2) - 5*Cos[((5/3)^(1/2)*x)/2] -
15^(1/2)*Sin[((5/3)^(1/2)*x)/2]))/(10*E^(x/2))

In[3]:= r[x_]:=x
In[4]:= op[{1,1,2/3},0]

Partikulaere Loesung

Out[4]=
(-I + 15^(1/2))*
(Im[Integrate[E^(((3 - I*15^(1/2))*xi)/6)*
(6 - 6*E^(((-3 - I*15^(1/2))*xi)/6)
- 3*xi - I*15^(1/2)*xi),{xi, 0, x}]] -
I*Re[Integrate[E^(((3 - I*15^(1/2))*xi)/6)*
(6 - 6*E^(((-3 - I*15^(1/2))*xi)/6) - 3*xi -
I*15^(1/2)*xi),{xi, 0, x}]])*(-Cos[((5/3)^(1/2)*x)/2]
/(16*E^(x/2)) - (I/16*Sin[((5/3)^(1/2)*x)/2])/E^(x/2))
```

Für die rechte Seite $r(x) = 1$ hat op also eine Lösung in befriedigener Form angegeben, während dies für die rechte Seite $r(x) = x$ nicht mehr gilt, da die auftretenden Integrationen geschlossen ausgeführt werden können. Wir ändern für dieses Problem op leicht ab:

```
In[5]:= pol=la^2 + la + 2/3;
        s=Solve[pol==0,la];
        s1=la/.s;
        int1=Integrate[Exp[-la2 eta] eta,{eta,0,xi}];
int2=Exp[la1 x] Integrate[Exp[-la1 xi] Exp[la2 xi] int1,
                                 {xi,0,x}];
        la1=s1[[1]];
        la2=s1[[2]];
        d=ComplexExpand[Simplify[int2]]
```

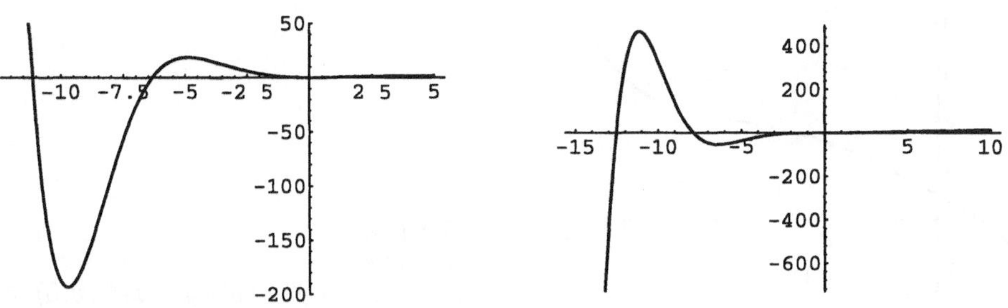

Bild 4.9 Eine Losung von $y'' + y' + \frac{2}{3}y = r(x)$, $r(x) = 1$ (links), $r(x) = x$ (rechts)

```
Out[13]=
-9/4 + (3*x)/2 + (9*Cos[((5/3)^(1/2)*x)/2])/(4*E^(x/2)) -
  (3*(3/5)^(1/2)*Sin[((5/3)^(1/2)*x)/2])/(4*E^(x/2))
```

Zum Schluß betrachten wir noch das Anfangswertproblem

$$y^{(n)} + a_{n-1}y^{(n-1)} + a_{n-2}y^{(n-2)} + \ldots + a_1 y' + a_0 y = r(x)\,,$$

$$y(x_0) = y_0\,, y'(x_0) = y_0'\,, \ldots\,, y^{(n-1)}(x_0) = y_0^{(n-1)}\,.$$

Wir können die Lösung als Summe der Lösung des homogenen Anfangswertproblems

$$y^{(n)} + a_{n-1}y^{(n-1)} + a_{n-2}y^{(n-2)} + \ldots + a_1 y' + a_0 y = 0\,,$$

$$y(x_0) = y_0\,, y'(x_0) = y_0'\,, \ldots\,, y^{(n-1)}(x_0) = y_0^{(n-1)}$$

und des inhomogenen Problems

$$y^{(n)} + a_{n-1}y^{(n-1)} + a_{n-2}y^{(n-2)} + \ldots + a_1 y' + a_0 y = r(x)\,,$$

$$y(x_0) = y'(x_0) = \cdots = y^{(n-1)}(x_0) = 0$$

darstellen.

Beispiel:

$$y^{(4)} + 4y''' + 6y'' + 4y' + y = xe^x\,,$$

$$y(0) = 1\,, y'(0) = 2\,, y''(0) = 0\,, y'''(0) = 1\,.$$

Lösung des homogenen Problems:

```
In[1]:= dna[{1,0,0,0,1},0,{1,2,0,1}]
Out[1]=E^(-x) + (3*x)/E^x + (5*x^2)/(2*E^x) +
        (4*x^3)/(3*E^x)
```

Lösung des inhomogenen Problems:

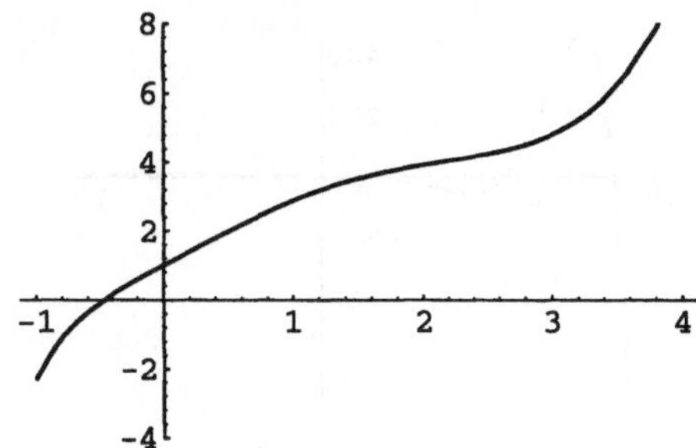

Bild 4.10
Lösung von
$y^{(4)}+4y'''+6y''+4y'+y = xe^x\,, y(0) = 1, y'(0) = 2, y''(0) = 0, y'''(0) = 1$

```
In[2]:= r[x_]:=x Exp[x]
In[3]:= op[{1,4,6,4,1},0]

Partikulaere Loesung

Out[3]= (6 - 6*E^(2*x) + 9*x + 3*E^(2*x)*x +
          6*x^2 + 2*x^3)/(48*E^x)
```

4.3 Lineare homogene Systeme

Wir betrachten nun das System

$$Y' = AY\,, \tag{4.8}$$

$$A = \begin{pmatrix} a_{11} & \cdots & a_{1n} \\ \vdots & \vdots & \vdots \\ a_{n1} & \cdots & a_{nn} \end{pmatrix}.$$

Es liegt nahe, eine Lösung in Analogie zum eindimensionalen Fall zu suchen. Dort lautete das Differentialgleichungssystem

$$y' = ay$$

und wurde durch

$$y(x) = ce^{ax}$$

mit einer beliebigen Konstanten c gelöst.
Wir erinnern uns zunächst an die Definition der Exponentialfunktion

$$e^x = \sum_{k=0}^{\infty} \frac{x^k}{k!}.$$

Daß man die Lösung der Differentialgleichung durch

$$e^{ax} = \sum_{k=0}^{\infty} \frac{a^k x^k}{k!}$$

erhält, beruht auf der Ableitungseigenschaft

$$\frac{\mathrm{d}}{\mathrm{d}x}e^{ax} = \sum_{k=0}^{\infty} \frac{a^{k+1}x^k}{k!} = ae^{ax} .$$

Man kann sich nun durch Grenzwertbetrachtungen im $\mathbb{R}^{n\times n}$ davon überzeugen, daß die folgende Exponentialreihe

$$e^X = \sum_{k=0}^{\infty} \frac{X^k}{k!}$$

für eine beliebige konstante $n \times n$ Matrix gegen eine $n \times n$ Matrix konvergiert. Ferner besitzt die Matrix-Exponentialfunktion die Eigenschaft

$$e^{X_1+X_2} = e^{X_1}e^{X_2} = e^{X_2}e^{X_1} ,$$

falls die Matrizen X_1 und X_2 kommutieren

$$X_1X_2 = X_2X_1 .$$

Auf der Reihenentwicklung beruht auch die Ableitungsregel

$$\frac{\mathrm{d}}{\mathrm{d}x}e^{Ax} = \frac{\mathrm{d}}{\mathrm{d}x}\left(\sum_{k=0}^{\infty} \frac{A^kx^k}{k!}\right) = Ae^{Ax} ,$$

wobei A eine konstante $n \times n$ Matrix ist, und die Variable x die reellen Zahlen durchläuft. Mit der Matrix-Exponentialfunktion

$$Z_F(x) = e^{Ax}$$

haben wir also eine Lösung der Matrix-Differentialgleichung

$$Z' = AZ .$$

Offenbar gilt

$$Z_F(0) = E , \quad (E = n \times n\text{-Einheitsmatrix}) .$$

Da $Z_F(x)$ die Matrixdifferentialgleichung löst, bekommt man mit jeder ihrer Spalten

$$Y_j(x) = \begin{pmatrix} z_{F,1j}(x) \\ \vdots \\ z_{F,nj}(x) \end{pmatrix} , \quad j = 1, \dots n,$$

eine Lösung des Systems (4.8).
Wegen

$$Z_F(0) = E$$

bilden die soeben definierten Spaltenvektoren ein Fundamentalsystem. Die allgemeine Lösung $Y(x)$ des homogenen Systems (4.8) ergibt sich dann wie folgt:

$$Y(x) = c_1 Y_1(x) + \cdots + c_n Y_n(x) = e^{Ax} \begin{pmatrix} c_1 \\ \vdots \\ c_n \end{pmatrix}.$$

Es bleibt noch das Problem, die in der Reihe

$$e^{Ax} = \sum_{k=0}^{\infty} \frac{A^k x^k}{k!}$$

auftretenden Potenzen der Matrix A zu berechnen.
Dies kann man sich erleichtern, wenn man den Satz von Cayley-Hamilton (zum Beweis vgl. [1], Bd. II, S.292) heranzieht, der folgendes besagt:

Satz 4.1 *Jede $n \times n$ Matrix*

$$A = \begin{pmatrix} a_{11} & \cdots & a_{1n} \\ \vdots & \vdots & \vdots \\ a_{n1} & \cdots & a_{nn} \end{pmatrix}$$

wird von ihrem charakteristischen Polynom

$$\chi_A(\lambda) = \det(A - \lambda E), \quad (E = n \times n\text{-Einheitsmatrix}) \tag{4.9}$$

annulliert.
Das heißt, das Ausführen der Matrizenoperation $\chi_A(A)$ liefert die $n \times n$ Nullmatrix.

Das charakteristische Polynom ordnet man für gewöhnlich nach fallenden Potenzen von λ und erhält

$$\chi_A(\lambda) = (-1)^n \lambda^n + (-1)^{n-1} \operatorname{spur}(A) \lambda^{n-1} + \cdots + \det(A).$$

Nach dem Satz von Cayley-Hamilton genügt es nun, die ersten $n-1$ Potenzen von A durch Matrizenmultiplikation zu berechnen. Man erhält dann die n-te Potenz gemäß

$$(-1)^n A^n = -(-1)^{n-1} \operatorname{spur}(A) A^{n-1} - \cdots - \det(A)$$

und die weiteren Potenzen A^{n+m} gemäß

$$(-1)^n A^{n+m} = -(-1)^{n-1} \operatorname{spur}(A) A^{n-1+m} - \cdots - \det(A) A^m.$$

Wir zeigen noch, daß die Matrix e^{Ax} die Differentialgleichung

$$\chi_A\left(\frac{\mathrm{d}}{\mathrm{d}x}\right)(Z) = (-1)^n Z^{(n)} + (-1)^{n-1} \operatorname{spur}(A) Z^{(n-1)} + \cdots + \det(A) Z = O_{n \times n}$$

mit der $n \times n$-Nullmatrix $O_{n \times n}$ erfullt.
Gemäß dem Satz von Cayley-Hamilton gilt:

$$(-1)^n A^n + (-1)^{n-1} \operatorname{spur}(A) A^{n-1} + \cdots + \det(A) E = O_{n\times n}\,.$$

Hieraus folgt

$$(-1)^n \frac{A^{n+m}}{m!} + (-1)^{n-1} \operatorname{spur}(A) \frac{A^{n-1+m}}{m!} + \cdots + \det(A) \frac{A^m}{m!} = O_{n\times n}\,.$$

Summiert man dies auf und berücksichtigt

$$\frac{\mathrm{d}^k}{\mathrm{d}x^k}\left(e^{Ax}\right) = A^k e^{Ax}\,,$$

so folgt die Behauptung

$$(-1)^n \left(e^{Ax}\right)^{(n)} + (-1)^{n-1} \operatorname{spur}(A) \left(e^{Ax}\right)^{(n-1)} + \cdots + \det(A) e^{Ax} = O_{n\times n}\,.$$

Schließlich liefert die Multiplikation der letzten Beziehung mit einem konstanten Vektor $\vec{c}$, daß jede Komponente y_j , $j = 1, \ldots, n$ von

$$Y = e^{Ax}\vec{c}$$

eine Lösung von

$$\chi_A\left(\frac{\mathrm{d}}{\mathrm{d}x}\right)(y) = 0$$

darstellt.
Weiterhin ergibt sich aus dem Satz von Cayley-Hamilton eine Darstellung

$$e^{Ax} = \alpha_0(x)E + \alpha_1(x)A + \alpha_2(x)A^2 + \cdots + \alpha_{n-1}(x)A^{n-1}$$

mit skalaren Funktionen $\alpha_0(x), \alpha_1(x), \ldots, \alpha_{n-1}(x)$.

Wenn die Matrizen $E, A, A^2, \ldots, A^{n-1}$ linear unabhängig sind – was nicht sein muß, Beispiel: $A = E$ – dann sind auch die Funktionen $\alpha_0(x), \alpha_1(x), \ldots, \alpha_{n-1}(x)$ Lösungen von

$$\chi_A\left(\frac{\mathrm{d}}{\mathrm{d}x}\right)(y) = 0\,.$$

Da *Mathematica* Exponentialreihen von Matrizen berechnen kann, man benützt dazu `MatrixExp`, können wir Systeme (4.8) mit konstanten Systemmatrizen lösen.
Beispiel:

$$Y' = AY$$

mit

$$A = \begin{pmatrix} \lambda & 1 & 0 \\ 0 & \lambda & 1 \\ 0 & 0 & \lambda \end{pmatrix}.$$

Eingabe der Matrix A und Berechnung der Exponentialreihe:

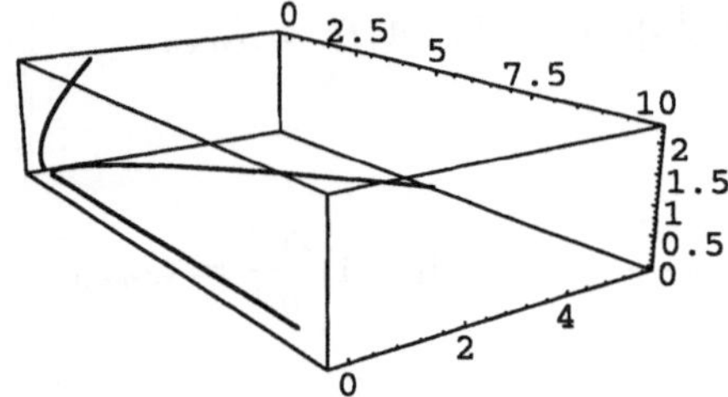

Bild 4.11
Ein Fundamentalsystem von $y_1' = 2y_1 + y_2$, $y_2' = 2y_2 + y_3$, $y_3' = 2y_3$, Darstellung im Phasenraum

```
In[1]:= A={{la,1,0},{0,la,1},{0,0,la}};
        MatrixExp[A x]
Out[2]=
{{E^(la*x), E^(la*x)*x, (E^(la*x)*x^2)/2},
 {0, E^(la*x), E^(la*x)*x},
 {0, 0, E^(la*x)}}
```

Also:

$$e^{Ax} = \begin{pmatrix} e^{\lambda x} & xe^{\lambda x} & \frac{x^2}{2}e^{\lambda x} \\ 0 & e^{\lambda x} & xe^{\lambda x} \\ 0 & 0 & e^{\lambda x} \end{pmatrix}.$$

Dies liefert das Fundamentalsystem:

$$Y_1(x) = \begin{pmatrix} e^{\lambda x} \\ 0 \\ 0 \end{pmatrix}, \quad Y_2(x) = \begin{pmatrix} xe^{\lambda x} \\ e^{\lambda x} \\ 0 \end{pmatrix}, \quad Y_3(x) = \begin{pmatrix} \frac{x^2}{2}e^{\lambda x} \\ xe^{\lambda x} \\ e^{\lambda x} \end{pmatrix}.$$

Beispiel:

$$Y' = AY$$

mit

$$A = \begin{pmatrix} \lambda & 1 & 0 & 0 \\ 0 & \lambda & 1 & 0 \\ 0 & 0 & \lambda & 0 \\ 0 & 0 & 0 & \lambda \end{pmatrix}.$$

Eingabe der Matrix A und Berechnung der Exponentialreihe:

```
In[1]:= A={{la,1,0,0},{0,la,1,0},{0,0,la,1},{0,0,0,la}};
        MatrixExp[A x]
Out[2]=
{{E^(la*x), E^(la*x)*x, (E^(la*x)*x^2)/2, (E^(la*x)*x^3)/6},
 {0, E^(la*x), E^(la*x)*x, (E^(la*x)*x^2)/2},
 {0, 0, E^(la*x), E^(la*x)*x},
 {0, 0, 0, E^(la*x)}}
```

Also:

$$e^{Ax} = \begin{pmatrix} e^{\lambda x} & xe^{\lambda x} & \frac{x^2}{2}e^{\lambda x} & \frac{x^3}{6}e^{\lambda x} \\ 0 & e^{\lambda x} & xe^{\lambda x} & \frac{x^2}{2}e^{\lambda x} \\ 0 & 0 & e^{\lambda x} & xe^{\lambda x} \\ 0 & 0 & 0 & e^{\lambda x} \end{pmatrix}$$

Dies liefert das Fundamentalsystem:

$$Y_1(x) = \begin{pmatrix} e^{\lambda x} \\ 0 \\ 0 \\ 0 \end{pmatrix}, \quad Y_2(x) = \begin{pmatrix} xe^{\lambda x} \\ e^{\lambda x} \\ 0 \\ 0 \end{pmatrix},$$

$$Y_3(x) = \begin{pmatrix} \frac{x^2}{2}e^{\lambda x} \\ xe^{\lambda x} \\ e^{\lambda x} \\ 0 \end{pmatrix}, \quad Y_4(x) = \begin{pmatrix} \frac{x^3}{6}e^{\lambda x} \\ \frac{x^2}{2}e^{\lambda x} \\ xe^{\lambda x} \\ e^{\lambda x} \end{pmatrix}.$$

Beispiel:
Die Drehbewegung

$$V' = -2W \times V$$

mit dem Vektor $W = (w_1, w_2, w_3)$ der Winkelbeschleunigungen.
Wir bringen das Differentialgleichungssystem in die Form

$$V' = AV$$

mit der Systemmatrix

$$A = \begin{pmatrix} 0 & 2w_3 & -2w_2 \\ -2w_3 & 0 & 2w_1 \\ 2w_2 & -2w_1 & 0 \end{pmatrix}$$

Einlesen der Systemmatrix und Berechnung der Exponentialreihe:

```
In[1]:= A={{0,2 w3,-2 w2},{-2 w3,0,2 w1},{2 w2,-2 w1,0}};
        MatrixExp[A x]
Out[2]=
      {{(E^((-4*(w1^2 + w2^2 + w3^2))^(1/2)*x)*
        (2*w1^2*w2 + 2*w2^3 + 2*w2*w3^2 -
          w1*w3*(-4*(w1^2 + w2^2 + w3^2))^(1/2))*
        (2*w1^2*w2 + 2*w2^3 + 2*w2*w3^2 +
          w1*w3*(-4*(w1^2 + w2^2 + w3^2))^(1/2)))/
        (8*(w1^2 + w2^2)*(w1^2 + w2^2 + w3^2)^2),
        (w1*w2)/(w1^2 + w2^2 + w3^2) + . . .
```

Man erhält insgesamt einen umfangreichen, unübersichtlichen Ausdruck.
Wir wollen deshalb versuchen, die Exponentialreihe auf direktem Wege mit dem Satz von Cayley-Hamilton anzugehen.

Eingabe von A und Berechnung des charakteristischen Polynoms

```
In[1]:= A={{0,2 w3,-2 w2},{-2 w3,0,2 w1},{2 w2,-2 w1,0}};
        Det[A-la IdentityMatrix[3]]
Out[2]= -(la*(la^2 + 4*w1^2 + 4*w2^2 + 4*w3^2))
```

Also:

$$\lambda^3 + 4|W|^2\lambda = 0\,.$$

Der Satz von Cayley-Hamilton sagt:

$$A^3 + 4|W|^2 A = O_{3\times 3}\,.$$

Wir berechnen A^2 (mit `MatrixPower`):

```
In[3]:= MatrixPower[A,2]
Out[3]=
{{-4*w2^2 - 4*w3^2, 4*w1*w2, 4*w1*w3},
 {4*w1*w2, -4*w1^2 - 4*w3^2, 4*w2*w3},
 {4*w1*w3, 4*w2*w3, -4*w1^2 - 4*w2^2}}
```

also

$$A^2 = \begin{pmatrix} -4w_2^2 - 4w_3^2 & 4w_1w_2 & 4w_1w_3 \\ 4w_1w_2 & -4w_1^2 - 4w_3^2 & 4w_2w_3 \\ 4w_1w_3 & 4w_2w_3 & -4w_1^2 - 4w_2^2 \end{pmatrix}.$$

Die höheren Potenzen von A ergeben sich nun wie folgt:

$$\begin{aligned} A^3 &= -(4|W|^2)A\,, \\ A^4 &= -(4|W|^2)A^2\,, \end{aligned}$$

$$\begin{aligned} A^5 &= -(4|W|^2)A^3 = (4|W|^2)^2 A\,, \\ A^6 &= (4|W|^2)^2 A^2\,, \end{aligned}$$

$$\begin{aligned} A^7 &= (4|W|^2)^2 A^3 = -(4|W|^2)^3 A\,, \\ A^8 &= -(4|W|^2)^3 A^2\,. \end{aligned}$$

Für $k \geq 1$ bedeutet dies allgemein (vollständige Induktion)

$$\begin{aligned} A^{2k+1} &= (-1)^k (2|W|)^{2k} A\,, \\ A^{2k+2} &= (-1)^k (2|W|)^{2k} A^2\,. \end{aligned}$$

Dies ergibt schließlich folgendes Resultat für die Exponentialreihe

$$\begin{aligned} e^{Ax} &= Ex^0 + Ax^1 + A^2\frac{x^2}{2!} \\ &\quad + A\frac{1}{2|W|}\left(-\frac{(2|W|x)^3}{3!} + \frac{(2|W|x)^5}{5!} - \dots\right) \\ &\quad + A^2\frac{1}{(2|W|)^2}\left(-\frac{(2|W|x)^4}{4!} + \frac{(2|W|x)^6}{6!} - \dots\right) \\ &= E + A\frac{1}{2|W|}\sin(2|W|x) - A^2\frac{1}{(2|W|)^2}(-1 + \cos(2|W|x))\,. \end{aligned}$$

4.4 Die Eliminationsmethode

Wir wollen nun durch Eliminieren von gesuchten Funktionen ein homogenes lineares System mit konstanten Koeffizienten in eine lineare homogene Einzeldifferentialgleichung mit konstanten Koeffizienten umwandeln.
Leider läßt sich dieser Prozeß nicht ohne großen Aufwand systematisieren. Vermutlich ist das Eliminieren auch bei größeren Systemen nicht die geeignete Vorgehensweise. Bei kleineren Systemen kann die Methode jedoch schnell zum Ziel, ein Fundamentalsystem aufzustellen, führen.

Wir beginnen mit 2×2-Systemen

$$Y' = AY,$$

$$A = \begin{pmatrix} a_{11} & a_{12} \\ a_{21} & a_{22} \end{pmatrix}.$$

In diesem Fall schreiben wir das System aus

$$\begin{aligned} y_1' &= a_{11}y_1 + a_{12}y_2, \\ y_2' &= a_{21}y_1 + a_{22}y_2, \end{aligned}$$

und wollen es nun durch Zuruckfuhren auf eine Differentialgleichung zweiter Ordnung lösen.

Zuerst der entkoppelte Fall:
$a_{12} = a_{21} = 0$.
Jede Differentialgleichung des Systems kann für sich gelöst werden mit dem Resultat

$$\begin{aligned} y_1 &= c_1 e^{a_{11}x}, \\ y_2 &= c_2 e^{a_{22}x}. \end{aligned}$$

Die Konstanten c_1 und c_2 sind beliebig und die Lösung des Systems hat die Gestalt

$$y = c_1 \begin{pmatrix} 1 \\ 0 \end{pmatrix} e^{a_{11}x} + c_2 \begin{pmatrix} 0 \\ 1 \end{pmatrix} e^{a_{22}x}.$$

Wir notieren noch den wichtigen Sonderfall $a_{11} = a_{22}$ mit der Lösung

$$y = \left(c_1 \begin{pmatrix} 1 \\ 0 \end{pmatrix} + c_2 \begin{pmatrix} 0 \\ 1 \end{pmatrix} \right) e^{a_{11}x}.$$

Nun betrachten wir den Fall:
$a_{12} \neq 0$.
(Der Fall $a_{21} \neq 0$ kann dann durch Umbenennung der gesuchten Funktionen auf den vorausgegangenen Fall zurückgefuhrt werden).
Aus der ersten Gleichung des Systems erhalten wir

$$y_2 = \frac{1}{a_{12}} y_1' - \frac{a_{11}}{a_{12}} y_1$$

und durch Ableiten

$$y_2' = \frac{1}{a_{12}} y_1'' - \frac{a_{11}}{a_{12}} y_1' .$$

Einsetzen von y_2 und y_2' in die zweite Gleichung liefert die Gleichung zweiter Ordnung für y_1 (vgl. den vorigen Abschnitt):

$$y_1'' - \mathrm{spur}(A) y_1' + \det(A) y_1 = 0 .$$

Nachrechnen mit *Mathematica*:
(Wir benützen den Befehl `Coefficient` zur Bestimmung der Koeffizienten eines Polynoms).

```
In[1]:=
y2[x]=(1/a12) (D[y1[x],x]-a11 y1[x]);
dgl=Expand[a12 (D[y2[x],x]-a21 y1[x]-a22 y2[x])]
Out[2]=
-(a12*a21*y1[x]) + a11*a22*y1[x] - a11*Derivative[1][y1][x]
  - a22*Derivative[1][y1][x] + Derivative[2][y1][x]
In[3]:= a0=Coefficient[dgl,y1[x]]
Out[3]= -a12*a21 + a11*a22
In[4]:= a1=Coefficient[dgl,y1'[x]]
Out[4]= - a11 - a22
```

(Hierbei bedeutet `Derivative[j][f][x]` die j-te Ableitung der Funktion f nach der Variablen x).

Seien λ_1 , λ_2 die Nullstellen der charakteristischen Gleichung

$$\lambda^2 - \mathrm{spur}(A)\lambda + \det(A) = 0 .$$

Dann bekommt man die allgemeine Lösung der obigen Gleichung zweiter Ordnung wie folgt:

a) $\lambda_1, \lambda_2 \in \mathbb{R}, \lambda_1 \neq \lambda_2$.

$$y_1(x) = c_1 e^{\lambda_1 x} + c_2 e^{\lambda_2 x} .$$

b) $\lambda_1, \lambda_2 \in \mathbb{R}, \lambda_1 = \lambda_2$.

$$y_1(x) = (c_1 + c_2 x) e^{\lambda_1 x} .$$

c) $\lambda_1 , \lambda_2 \in \mathbb{C}, \lambda_1 = p + iq$.

$$y_1(x) = (c_1 \cos(qx) + c_2 \sin(qx)) e^{px} .$$

Wiederum sind die Konstanten c_1, c_2 beliebig und die Lösung des Systems hat die Gestalt:

a)

$$Y = c_1 \begin{pmatrix} 1 \\ \frac{1}{a_{12}}\lambda_1 - \frac{a_{11}}{a_{12}} \end{pmatrix} e^{\lambda_1 x} + c_2 \begin{pmatrix} 1 \\ \frac{1}{a_{12}}\lambda_2 - \frac{a_{11}}{a_{12}} \end{pmatrix} e^{\lambda_2 x} .$$

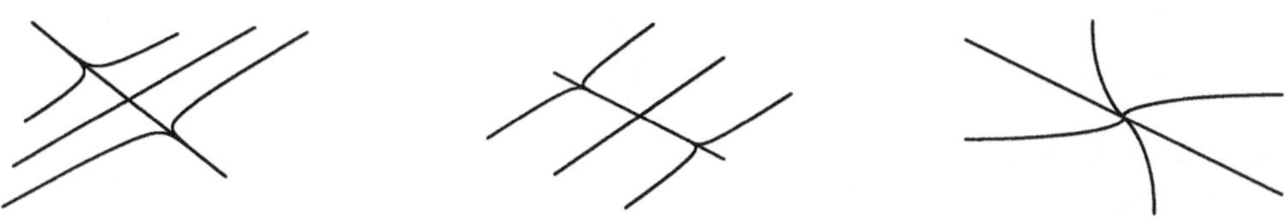

Bild 4.12 Lösungen von $y_1' = a_{11}y_1 + a_{12}y_2$, $y_2' = a_{21}y_1 + a_{22}y_2$ bei $\lambda_1, \lambda_2 \in \mathbb{R}$, (im Phasenraum), $\lambda_1 > 0 > \lambda_2$ (links), $\lambda_1 > \lambda_2 > 0$ (Mitte), $\lambda_1 = \lambda_2 > 0$ (rechts)

Dies ergibt folgendes Fundamentalsystem:

$$Y_1 = \begin{pmatrix} 1 \\ \frac{1}{a_{12}}\lambda_1 - \frac{a_{11}}{a_{12}} \end{pmatrix} e^{\lambda_1 x},$$

$$Y_2 = \begin{pmatrix} 1 \\ \frac{1}{a_{12}}\lambda_2 - \frac{a_{11}}{a_{12}} \end{pmatrix} e^{\lambda_2 x}.$$

b)

$$Y = \left(c_1 \begin{pmatrix} 1 \\ \frac{1}{a_{12}}\lambda_1 - \frac{a_{11}}{a_{12}} \end{pmatrix} + c_2 \left(\begin{pmatrix} 0 \\ \frac{1}{a_{12}} \end{pmatrix} + \begin{pmatrix} 1 \\ \frac{1}{a_{12}}\lambda_1 - \frac{a_{11}}{a_{12}} \end{pmatrix} x \right)\right) e^{\lambda_1 x}.$$

Dies ergibt folgendes Fundamentalsystem:

$$Y_1 = \begin{pmatrix} 1 \\ \frac{1}{a_{12}}\lambda_1 - \frac{a_{11}}{a_{12}} \end{pmatrix} e^{\lambda_1 x},$$

$$Y_2 = \left(\begin{pmatrix} 0 \\ \frac{1}{a_{12}} \end{pmatrix} + \begin{pmatrix} 1 \\ \frac{1}{a_{12}}\lambda_1 - \frac{a_{11}}{a_{12}} \end{pmatrix} x \right) e^{\lambda_1 x}.$$

c)

$$\begin{aligned} Y = & \left(c_1 \begin{pmatrix} \cos(qx) \\ \frac{1}{a_{12}}(p - a_{11})\cos(qx) - \frac{1}{a_{12}}q\sin(qx) \end{pmatrix} \right. \\ & \left. + c_2 \begin{pmatrix} \sin(qx) \\ \frac{1}{a_{12}}q\cos(qx) + \frac{1}{a_{12}}(p - a_{11})\sin(qx) \end{pmatrix}\right) e^{px}. \end{aligned}$$

Dies ergibt folgendes Fundamentalsystem:

$$Y_1 = \begin{pmatrix} \cos(qx) \\ \frac{1}{a_{12}}(p - a_{11})\cos(qx) - \frac{1}{a_{12}}q\sin(qx) \end{pmatrix} e^{px},$$

$$Y_2 = \begin{pmatrix} \sin(qx) \\ \frac{1}{a_{12}}q\cos(qx) + \frac{1}{a_{12}}(p - a_{11})\sin(qx) \end{pmatrix} e^{px}.$$

Führt man noch die komplexe Konstante

$$\rho = \frac{1}{a_{12}}(p - a_{11}) + \frac{1}{a_{12}}q\imath$$

ein, so bilden Y_1 und Y_2 den Realteil bzw. Imaginärteil der komplexen Lösung

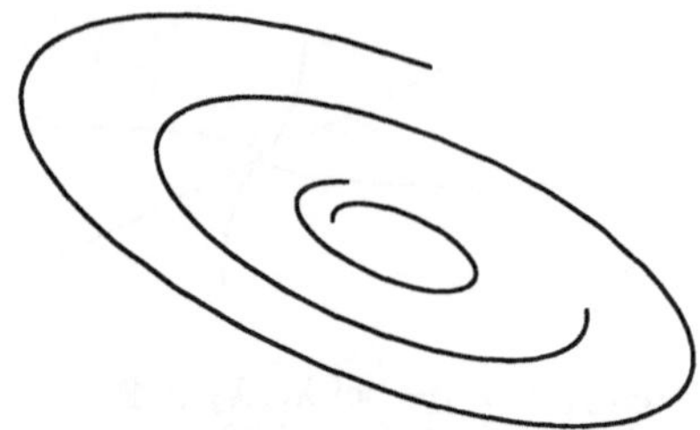
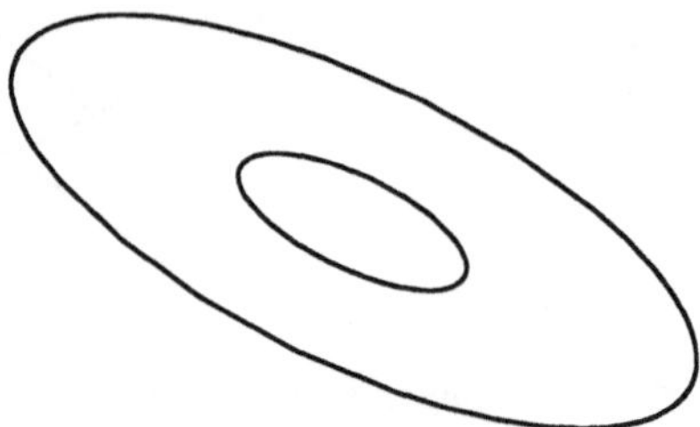

Bild 4.13 Losungen von $y_1' = a_{11}y_1 + a_{12}y_2$, $y_2' = a_{21}y_1 + a_{22}y_2$ bei $\lambda_1, \lambda_2 \in \mathbb{C}$, (im Phasenraum), $\text{Re}(\lambda_1) > 0$ (links), $\text{Re}(\lambda_1) = 0$ (rechts)

$$Y = \begin{pmatrix} 1 \\ \rho \end{pmatrix} e^{\lambda_1 x}$$

d. h.

$$Y_1 = \text{Re}(Y) \quad \text{und} \quad Y_2 = \text{Im}(Y).$$

Der Fall eines 3×3-Systems

$$Y' = AY,$$

$$A = \begin{pmatrix} a_{11} & a_{12} & a_{13} \\ a_{21} & a_{22} & a_{23} \\ a_{31} & a_{32} & a_{33} \end{pmatrix},$$

setzt einer systematischen Darstellung bereits große Widerstände entgegen. Ausgeschrieben lautet das System

$$\begin{aligned} y_1' &= a_{11}y_1 + a_{12}y_2 + a_{13}y_3, \\ y_2' &= a_{21}y_1 + a_{22}y_2 + a_{23}y_3, \\ y_3' &= a_{31}y_1 + a_{32}y_2 + a_{33}y_3. \end{aligned}$$

Die erste Gleichung

$$y_1' = \sum_{k=1}^{3} a_{1k}y_k$$

liefert

$$\begin{aligned} y_1'' &= \sum_{k=1}^{3} a_{1k}y_k' \\ &= \sum_{k=1}^{3} a_{1k}\left(\sum_{j=1}^{3} a_{kj}y_j\right) \\ &= \sum_{k=1}^{3}\left(\sum_{j=1}^{3} a_{1k}a_{kj}\right) y_j, \end{aligned}$$

so daß wir mit

$$b_{1j} = \sum_{k=1}^{3} a_{1k} a_{kj}$$

schreiben können

$$y_1'' = \sum_{j=1}^{3} b_{1j} y_j \, .$$

Betrachten wir nun die erste Gleichung des Systems zusammen mit der soeben gewonnenen Gleichung für y_1'' in der Form:

$$\begin{aligned} a_{12}y_2 + a_{13}y_3 &= y_1' - a_{11}y_1 \, , \\ b_{12}y_2 + b_{13}y_3 &= y_1'' - b_{11}y_1 \, . \end{aligned}$$

Dann können unter der Voraussetzung

$$d = \begin{vmatrix} a_{12} & a_{13} \\ b_{12} & b_{13} \end{vmatrix} \neq 0$$

die Variablen y_2 und y_3 eliminiert werden:

$$\begin{aligned} y_2 &= \frac{1}{d}\left(-a_{13}y_1'' + b_{13}y_1' + (a_{13}b_{11} - a_{11}b_{13})y_1\right) \, , \\ y_3 &= \frac{1}{d}\left(a_{12}y_1'' - b_{12}y_1' + (a_{11}b_{12} - a_{12}b_{11})y_1\right) \, . \end{aligned}$$

Setzt man y_2 und y_3 in die zweite oder dritte Gleichung des Systems ein, so erhält man folgende Differentialgleichung dritter Ordnung für y_1

$$y_1''' + \alpha_2 y_1'' + \alpha_1 y_1' + \alpha_0 y_1 = 0$$

mit den Koeffizienten (vgl. den vorigen Abschnitt):

$$\begin{aligned} \alpha_0 &= \det(A) \, , \\ \alpha_1 &= a_{12}a_{21} - a_{11}a_{22} + a_{13}a_{31} + a_{23}a_{32} - a_{11}a_{33} - a_{22}a_{33} \, , \\ \alpha_2 &= -\operatorname{spur}(A) \, . \end{aligned}$$

Nun sind folgende Fälle zu unterscheiden:
Die charakteristische Gleichung

$$\lambda^3 + \alpha_2\lambda^2 + \alpha_1\lambda + \alpha_0 = 0$$

hat

a) eine dreifache reelle Wurzel,
b) eine reelle und eine komlexe zusammen mit ihrer konjugiert komplexen Wurzel,
c) eine reelle Doppelwurzel und eine weitere davon verschiedene reelle Wurzel,
d) drei verschiedene reelle Wurzeln.

Wir betrachten den Fall a).
Dann bekommt man die allgemeine Lösung der obigen Gleichung dritter Ordnung wie folgt:

$$y_1(x) = (c_1 + c_2 x + c_3 x^2)e^{\lambda_1 x},$$

und damit y_2 und y_3 zu

$$\begin{aligned} y_2 &= \frac{1}{d}\Big(\Big(-\lambda_1^2 a_{13} + \lambda_1 b_{13} + a_{13}b_{11} - a_{11}b_{13}\Big)\,c_1 \\ &\quad + \Big(x(-\lambda_1^2 a_{13} + \lambda_1 b_{13} + a_{13}b_{11} - a_{11}b_{13}) - 2\lambda_1 a_{13} + b_{13}\Big)\,c_2 \\ &\quad + \Big(x^2(-\lambda_1^2 a_{13} + \lambda_1 b_{13} - a_{11}b_{13} + a_{13}b_{11}) \\ &\quad + x(-4\lambda_1 a_{13} + 2b_{13}) - 2a_{13}\Big)\,c_3\Big)\,e^{\lambda_1 x}, \end{aligned}$$

$$\begin{aligned} y_3 &= \frac{1}{d}\Big(\Big(\lambda_1^2 a_{12} - \lambda_1 b_{12} - a_{12}b_{11} + a_{11}b_{12}\Big)\,c_1 \\ &\quad + \Big(x(\lambda_1^2 a_{12} - \lambda_1 b_{12} - a_{12}b_{11} + a_{11}b_{12}) + 2\lambda_1 a_{12} - b_{12}\Big)\,c_2 \\ &\quad + \Big(x^2(\lambda_1^2 a_{12} - \lambda_1 b_{12} + a_{11}b_{12} - a_{12}b_{11}) \\ &\quad + x(4\lambda_1 a_{12} - 2b_{12}) + 2a_{12}\Big)\,c_3\Big)\,e^{\lambda_1 x}. \end{aligned}$$

Mit den Befehlen `Coefficient` und `Collect`, (um einen Ausdruck als Polynom einer gegebenen Variablen anzuordnen), lassen sich die obigen Rechnungen mit *Mathematica* folgendermaßen nachprüfen:

```
In[1]:=
y1=(c1+c2 x+c3 x^2) Exp[la x];
y2v=-a13 D[y1,{x,2}]+b13 D[y1,x]+(a13 b11-a11 b13) y1;
y3v= a12 D[y1,{x,2}]-b12 D[y1,x]+(a11 b12-a12 b11) y1;
y2c=Expand[Exp[-la x] y2v];
y3c=Expand[Exp[-la x] y3v];
Collect[Coefficient[y2c,c1],x]
Out[6]=
a13*b11 - a11*b13 + b13*la - a13*la^2
In[7]:=
Collect[Coefficient[y2c,c2],x]
Out[7]=
b13 - 2*a13*la + (a13*b11 - a11*b13 + b13*la - a13*la^2)*x
In[8]:=
Collect[Coefficient[y2c,c3],x]
Out[8]=
-2*a13 + (2*b13 - 4*a13*la)*x +
(a13*b11 - a11*b13 + b13*la - a13*la^2)*x^2
In[9]:=
Collect[Coefficient[y3c,c1],x]
Out[9]=
```

```
-(a12*b11) + a11*b12 - b12*la + a12*la^2
In[10]:=
Collect[Coefficient[y3c,c2],x]
Out[10]=
-b12 + 2*a12*la +
(-(a12*b11) + a11*b12 - b12*la + a12*la^2)*x
In[11]:=
Collect[Coefficient[y3c,c3],x]
Out[11]=
2*a12 + (-2*b12 + 4*a12*la)*x +
(-(a12*b11) + a11*b12 - b12*la + a12*la^2)*x^2
```

Es ergibt sich nun folgendes Fundamentalsystem für das System von Differentialgleichungen

$$Y_1 = \begin{pmatrix} 1 \\ \frac{1}{d}\left(-\lambda_1^2 a_{13} + \lambda_1 b_{13} + a_{13}b_{11} - b_{13}a_{11}\right) \\ \frac{1}{d}\left(\lambda_1^2 a_{12} - \lambda_1 b_{12} - a_{12}b_{11} + a_{11}b_{12}\right) \end{pmatrix} e^{\lambda_1 x},$$

$$\begin{aligned} Y_2 &= \left(\begin{pmatrix} 0 \\ \frac{1}{d}(-2\lambda_1 a_{13} + b_{13}) \\ \frac{1}{d}(2\lambda_1 a_{12} - b_{12}) \end{pmatrix} \right. \\ &\quad \left. + x \begin{pmatrix} 1 \\ \frac{1}{d}(-\lambda_1^2 a_{13} + \lambda_1 b_{13} + a_{13}b_{11} - a_{11}b_{13}) \\ \frac{1}{d}(\lambda_1^2 a_{12} - \lambda_1 b_{12} - a_{12}b_{11} + a_{11}b_{12}) \end{pmatrix} \right) e^{\lambda_1 x}, \end{aligned}$$

$$\begin{aligned} Y_3 &= \left(\begin{pmatrix} 0 \\ \frac{1}{d}(-2a_{13}) \\ \frac{1}{d}(+2a_{12}) \end{pmatrix} + x \begin{pmatrix} 0 \\ \frac{1}{d}(-4\lambda_1 a_{13} + 2b_{13}) \\ \frac{1}{d}(4\lambda_1 a_{12} - 2b_{12}) \end{pmatrix} \right. \\ &\quad \left. + x^2 \begin{pmatrix} 1 \\ \frac{1}{d}(-\lambda_1^2 a_{13} + \lambda_1 b_{13} - a_{11}b_{13} + a_{13}b_{11}) \\ \frac{1}{d}(\lambda_1^2 a_{12} - \lambda_1 b_{12} + a_{11}b_{12} - a_{12}b_{11}) \end{pmatrix} \right) e^{\lambda_1 x}. \end{aligned}$$

Beispiel:

$$Y' = AY$$

mit

$$A = \begin{pmatrix} \frac{7}{2} & -3 & \frac{5}{2} \\ \frac{13}{4} & -\frac{9}{2} & \frac{15}{4} \\ 5 & -10 & 7 \end{pmatrix}$$

Eingabe der Matrix A, Bestimmung der Koeffizienten $b_{1,j}$ und feststellen, ob das System nach y_1 aufgelöst werden kann:

```
In[1]:= A={{7/2,-3,5/2},{13/4,-9/2,15/4},{5,-10,7}};

        b[1,1]=Sum[A[[1,k]] A[[k,1]],{k,1,3}];
        b[1,2]=Sum[A[[1,k]] A[[k,2]],{k,1,3}];
        b[1,3]=Sum[A[[1,k]] A[[k,3]],{k,1,3}];

        d=Det[{{A[[1,2]],A[[1,3]]},{b[1,2],b[1,3]}}]
Out[5]= 10
```

Da die Auflösung möglich ist, stellen wir die Matrix A auf und bestimmen das charakteristische Polynom und seine Nullstellen:

```
In[6]:= p[la_]:=Det[A- la IdentityMatrix[3]];
        Solve[p[la]==0,la]
Out[7]= {{la -> 2}, {la -> 2}, {la -> 2}}
```

Als Ergebnis bekommen wir also die dreifache Nullstelle

$$\lambda = 2\,,$$

und damit

$$y_1(x) = (c_1 + c_2 x + c_3 x^2)e^{2x}\,.$$

Nun wird $y_2(x)$ und $y_3(x)$ durch die Eliminationsprozedur bestimmt:

```
In[8]:= [y1[x_]:=(c1+c2 x+c3 x^2) Exp[2 x];
        r1[x_]:=D[y1[x],x]-A[[1,1]] y1[x];
        r2[x_]:=D[y1[x],{x,2}]-b[1,1] y1[x];

        Solve[{A[[1,2]] y2+A[[1,3]] y3==r1[x],
               b[1,2] y2+b[1,3] y3==r2[x]},
               {y2,y3}];
        Simplify[%]

Out[12]= {{y2 ->
          (E^(2*x)*
          (c1 + c2 - c3 + c2*x + 2*c3*x + c3*x^2))/2,
         y3 -> (E^(2*x)*(5*c2 - 3*c3 + 10*c3*x))/5}}
```

Insgesamt erhält man:

$$\begin{aligned}
y_1(x) &= \left(c_1 + xc_2 + x^2 c_3\right) e^{2x}\,,\\
y_2(x) &= \left(\frac{1}{2}c_1 + (\frac{1}{2} + \frac{1}{2}x)c_2 + (-\frac{1}{2} + x + \frac{1}{2}x^2)c_3\right) e^{2x}\,,\\
y_3(x) &= \left(c_2 + (-\frac{3}{5} + 2x)c_3\right) e^{2x}\,.
\end{aligned}$$

Ordnen der Koeffizienten von c_1, c_2, c_3 nach Potenzen von x ergibt die Fundamentallösungen

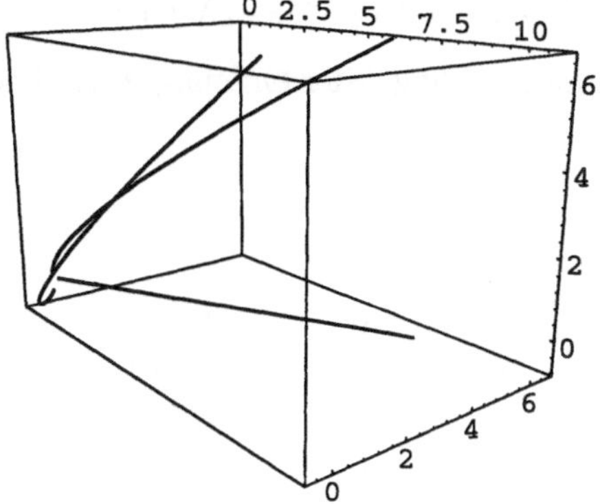

Bild 4.14
Ein Fundamentalsystem von $y_1' = (7/2)y_1 - 3y_2 + (5/2)y_3$, $y_2' = (13/4)y_1 - (9/2)y_2 + (15/4)y_3$, $y_3' = 5y_1 - 10y_2 + 7y_3$, Darstellung im Phasenraum

$$\begin{aligned}
Y_1(x) &= \begin{pmatrix} 1 \\ \frac{1}{2} \\ 0 \end{pmatrix} e^{2x}, \\
Y_2(x) &= \left(\begin{pmatrix} 0 \\ \frac{1}{2} \\ 1 \end{pmatrix} + \begin{pmatrix} 1 \\ \frac{1}{2} \\ 0 \end{pmatrix} x \right) e^{2x}, \\
Y_3(x) &= \left(\begin{pmatrix} 0 \\ -\frac{1}{2} \\ -\frac{3}{5} \end{pmatrix} + \begin{pmatrix} 0 \\ 1 \\ 2 \end{pmatrix} x + \begin{pmatrix} 1 \\ \frac{1}{2} \\ 0 \end{pmatrix} x^2 \right) e^{2x}.
\end{aligned}$$

4.5 Hauptvektoren und Fundamentalsysteme

Wir wollen das System (4.8) mit der konstanten Systemmatrix

$$A = \begin{pmatrix} a_{11} & \cdots & a_{1n} \\ \vdots & \vdots & \vdots \\ a_{n1} & \cdots & a_{nn} \end{pmatrix}$$

nun vom algebraischen Standpunkt aus betrachten, und uns etwas eingehender mit dem durch die Gleichung (4.9) definierten charakteristischen Polynom der Matrix A (des Differentialgleichungssystems $Y' = AY$) beschäftigen.

Zunächst zeigen wir, daß die Definition (4.9) des charakteristischen Polynoms diejenige umfaßt, die wir für die lineare homogene Differentialgleichungen n-ter Ordnung

$$y^{(n)} + a_{n-1}y^{(n-1)} + a_{n-2}y^{(n-2)} + \cdots + a_2y'' + a_1y' + a_0y = 0\,,$$

gegeben haben.
Zu dieser Differentialgleichung haben wir das charakteristische Polynom wie folgt definiert:

$$P(\lambda) = \lambda^n + a_{n-1}\lambda^{n-1} + a_{n-2}\lambda^{n-2} + \cdots + a_2\lambda^2 + a_1\lambda + a_0\,.$$

Wir wandeln die lineare homogene Differentialgleichung n-ter Ordnung in ein lineares System 1. Ordnung

$$Y' = AY$$

mit der Systemmatrix

$$A = \begin{pmatrix} 0 & 1 & 0 & \cdots & 0 & 0 & 0 \\ 0 & 0 & 1 & \cdots & 0 & 0 & 0 \\ \vdots & \vdots & \vdots & \vdots & \vdots & \vdots & \vdots \\ 0 & 0 & 0 & \cdots & 0 & 0 & 1 \\ -a_0 & -a_1 & -a_2 & \cdots & -a_{n-3} & -a_{n-2} & -a_{n-1} \end{pmatrix}$$

um.

Man zeigt nun durch Entwickeln der Determinante nach der ersten Spalte und vollständige Induktion

$$\det(A - \lambda E) = (-1)^n P(\lambda)\,.$$

Definition 4.1 Jede Nullstelle des charakteristischen Polynoms

$$\chi_A(\lambda) = \det(A - \lambda E)$$

heißt Eigenwert der Matrix A.

Definition 4.2 Ein Vektor $U^{(l)} \in \mathbb{C}^n$ heißt Hauptvektor der Stufe l, ($l \geq 1$) zum Eigenwert λ, wenn

$$(A - \lambda E)^l U^{(l)} = \vec{0}$$

und

$$(A - \lambda E)^{l-1} U^{(l)} \neq \vec{0}\,.$$

Hauptvektoren der Stufe 1 heißen Eigenvektoren.

Bemerkung: Ein Eigenvektor $U^{(1)} \in \mathbb{C}^n$ zum Eigenwert λ ist ein Vektor der

$$(A - \lambda E)U^{(1)} = \vec{0}$$

und

$$U^{(1)} \neq \vec{0}$$

erfüllt.

Es empfiehlt sich nun, die Definition der Exponentialreihen auf Matrizen mit komplexen Elementen auszudehnen, was ohne Probleme möglich ist, und zunächst komplexwertige Lösungen (mit reellem Argument) des Systems (4.8) zu suchen.

Satz 4.2 *Sei $U^{(l)}$ Hauptvektor der Stufe l, ($l \geq 1$) zum Eigenwert λ der Matrix A. Dann gilt:*

$$\begin{aligned} e^{Ax}U^{(l)} &= e^{\lambda x}\Big(U^{(l)} + x(A-\lambda E)U^{(l)} + \frac{x^2}{2!}(A-\lambda E)^2U^{(l)} + \dots \\ &\quad + \frac{x^{l-1}}{(l-1)!}(A-\lambda E)^{l-1}U^{(l)}\Big)\,. \end{aligned}$$

Beweis: Wir schreiben

$$e^{Ax}U^{(l)} = e^{\lambda Ex+(A-\lambda E)x}U^{(l)} = e^{\lambda Ex}e^{(A-\lambda E)x}U^{(l)}\,.$$

Nach Definition der Matrixexponentialfunktion gilt für einen beliebigen Vektor U

$$e^{\lambda Ex}U = \sum_{k=0}^{\infty}\frac{(\lambda Ex)^k}{k!}U = e^{\lambda x}U$$

und für einen Hauptvektor $U^{(l)}$ der Stufe l ist

$$\begin{aligned} e^{(A-\lambda E)x}U^{(l)} &= \sum_{k=0}^{\infty}\frac{(A-\lambda E)^k x^k}{k!}U^{(l)} \\ &= U^{(l)} + x(A-\lambda E)U^{(l)} + \frac{x^2}{2!}(A-\lambda E)^2U^{(l)} + \dots \\ &\quad + \frac{x^{l-1}}{(l-1)!}(A-\lambda E)^{l-1}U^{(l)}\,. \end{aligned}$$

□

Bemerkung: Für einen Eigenvektor $U^{(1)}$ bedeutet dies

$$e^{Ax}U^{(1)} = e^{\lambda x}U^{(1)}\,.$$

Bemerkung: Seien $U_j^{(l_j)}$, ($j = 1,\dots,m$), linear unabhängige Hauptvektoren der Stufe l_j, zu (nicht notwendigerweise verschiedenen) Eigenwerten λ_j der Matrix A. Dann gilt: Die m Lösungen

$$\begin{aligned} e^{Ax}U_j^{(l_j)} &= e^{\lambda_j x}\Big(U_j^{(l_j)} + x(A-\lambda_j E)U_j^{(l_j)} + \frac{x^2}{2!}(A-\lambda_j E)^2U_j^{(l_j)} + \dots \\ &\quad + \frac{x^{l_j-1}}{(l_j-1)!}(A-\lambda_j E)^{l_j-1}U_j^{(l_j)}\Big)\,. \end{aligned}$$

des Systems (4.8) sind linear unabhängig.
Dies sieht man sofort ein, wenn man $x = 0$ setzt.

Um ein (komplexwertiges) Fundamentalsystem herzustellen, bräuchte man also eine aus Hauptvektoren der Matrix A bestehende Basis des Vektorraumes $\mathbb{C}^n$.
Eine solche Basis gibt es, wie die folgenden beiden Ergebnisse aus der Linearen Algebra zeigen, (zum Beweis vgl. [2], S.111).

Satz 4.3 *Sei λ ein k-facher Eigenwert der Matrix A.*
Dann besitzt das lineare Gleichungssystem

$$(A - \lambda E)^k U = \vec{0} \tag{4.10}$$

k linear unabhängige Lösungen $U_j, j = 1, \dots k$ aus $\mathbb{C}^n$.

Das heißt, zu einem k-fachen Eigenwert gibt es k linear unabhängige Hauptvektoren aus $\mathbb{C}^n$.

Satz 4.4 *Die Eigenwerte λ_j, ($j = 1, \dots, m$), der Matrix A seien paarweise verschieden.*
Sei U_j ein Hauptvektor zum Eigenwert λ_j.
Dann sind die m Hauptvektoren U_j linear unabhängig.

Wir erhalten also ein komplexwertiges Fundamentalssystem, indem wir alle Eigenwerte durchgehen, eine Lösungsbasis der zugehörigen Systeme (4.10) bestimmen und zu jedem Basisvektor U den entsprechenden Beitrag

$$e^{Ax}U$$

zum Fundamentalsystem bilden.

Ein reelles Fundamentalsystem erhält man dann aufgrund folgender Überlegungen: Wenn wir einen komplexen Eigenwert λ haben und einen Hauptvektor U, so ist zunächst, weil A eine reelle Matrix ist, auch $\bar{\lambda}$ ein Eigenwert und $\bar{U}$ ein zugehöriger Hauptvektor, denn

$$\overline{(A - \lambda)^k U} = (A - \bar{\lambda})^k \bar{U} = \vec{0}.$$

Außerdem gilt

$$e^{Ax}\bar{U} = \overline{e^{Ax}U}.$$

Wir können also, wenn wir eine Basis von (4.10) mit dem Eigenwert λ bestimmt haben, die konjugiert komplexen Vektoren als Losungsbasis von (4.10) mit dem Eigenwert $\bar{\lambda}$ wahlen. Reelle Fundamentallösungen ergeben sich dann durch die Kombinationen

$$\frac{1}{2}\left(e^{Ax}U + e^{Ax}\bar{U}\right) = \operatorname{Re}\left(e^{Ax}U\right),$$

$$\frac{1}{2i}\left(e^{Ax}U - e^{Ax}\bar{U}\right) = \operatorname{Im}\left(e^{Ax}U\right).$$

Lösungen mit *Mathematica*

Algorithmus:
Zur Herstellung eines Fundamentalssystems von

$$Y' = AY\,,$$

mit konstanter Systemmatrix A:

1. Stelle das charakteristische Polynom auf:
$$\det(A - \lambda E)\,.$$
2. Bestimme die Eigenwerte.
3. Bilde zu jedem Eigenwert die obigen reellen Fundamentallösungen.
Falls λ ein komplexer Eigenwert ist, übergehe den konjugiert komplexen Eigenwert $\bar{\lambda}$.

Beispiel:
Wir betrachten erneut zum Vergleich mit der Methode der Matrix-Exponentialfunktion die Drehbewegung

$$V' = -2W \times V = \begin{pmatrix} 0 & 2w_3 & -2w_2 \\ -2w_3 & 0 & 2w_1 \\ 2w_2 & -2w_1 & 0 \end{pmatrix} V\,,$$

($W = (w_1, w_2, w_3)$).
Einlesen der Systemmatrix, aufstellen des charakteristischen Polynoms und Bestimmung seiner Nullstellen:

```
In[1]:=
A={{0,2 w3,-2 w2},{-2 w3,0,2 w1},{2 w2,-2 w1,0}};
p[la_]:=Det[A-la IdentityMatrix[3]];
Solve[p[la]==0,la]

Out[3]=
{{la -> (-4*w1^2 - 4*w2^2 - 4*w3^2)^(1/2)},
 {la -> -(-4*w1^2 - 4*w2^2 - 4*w3^2)^(1/2)}, {la -> 0}}
```

Also haben wir drei Eigenwerte:

$$\begin{aligned}
\lambda_1 &= 2\imath\sqrt{w_1^2 + w_2^2 + w_3^2} = 2\imath|W|\,, \\
\lambda_2 &= -2\imath\sqrt{w_1^2 + w_2^2 + w_3^2} = -2\imath|W|\,, \\
\lambda_3 &= 0\,.
\end{aligned}$$

Berechnung von Eigenvektoren und Fundamentallösungen:
(Wir verwenden `NullSpace` zur Lösung eines linearen homogenen Gleichungssystems).
Wir beginnen mit $\lambda_3 = 0$:

```
In[4]:= NullSpace[A]
```

Eigenvektor:

```
Out[4]= {{w1/w3, w2/w3, 1}}
```

Mathematica setzt offenbar $w_3 \neq 0$ voraus.
Wir können aber in jedem Fall den Eigenvektor

$$(w_1, w_2, w_3)$$

ablesen, was nichts anderes als die Tatsache

$$W \times W = \vec{0}$$

widerspiegelt. Dies liefert den Beitrag

$$Y_3(x) = W$$

zum Fundamentalsystem.
Nun zum Eigenwert $\lambda_1 = 2\imath|W|$:

```
In[5]:= NullSpace[A-2 I Sqrt[w1^2+w2^2+w3^2] IdentityMatrix[3]]
```

Eigenvektor:

```
Out[5]=
{{(-I*(-(w2*(-w1^2 - w2^2)) - w3*
          (-(w2*w3) - I*w1*(w1^2 + w2^2 + w3^2)^(1/2))))/
     ((-w1^2 - w2^2)*(w1^2 + w2^2 + w3^2)^(1/2)),
   -((-(w2*w3) - I*w1*(w1^2 + w2^2 + w3^2)^(1/2))
     /(-w1^2 - w2^2)), 1}}
```

Zur Vereinfachung berechnen wir den Realteil

```
In[6]:= ComplexExpand[Re[%]]
Out[6]=
{{(w1*w3)/(-w1^2 - w2^2), (w2*w3)/(-w1^2 - w2^2), 1}}
```

und den Imaginärteil

```
In[7]:= ComplexExpand[Im[%%]]
Out[7]=
{{-((-(w2*(-w1^2 - w2^2)) + w2*w3^2)/
       ((-w1^2 - w2^2)*(w1^2 + w2^2 + w3^2)^(1/2))),
   (w1*(w1^2 + w2^2 + w3^2)^(1/2))/(-w1^2 - w2^2), 0}}
```

Also bekommt man den Eigenvektor:

$$\left(\frac{w_1 w_3}{-w_1^2 - w_2^2}, \frac{w_2 w_3}{-w_1^2 - w_2^2}, 1\right) + \imath \left(\frac{w_2(-w_1^2 - w_2^2) - w_2 w_3^2}{(-w_1^2 - w_2^2)|W|}, \frac{w_1|W|}{-w_1^2 - w_2^2}, 0\right)$$

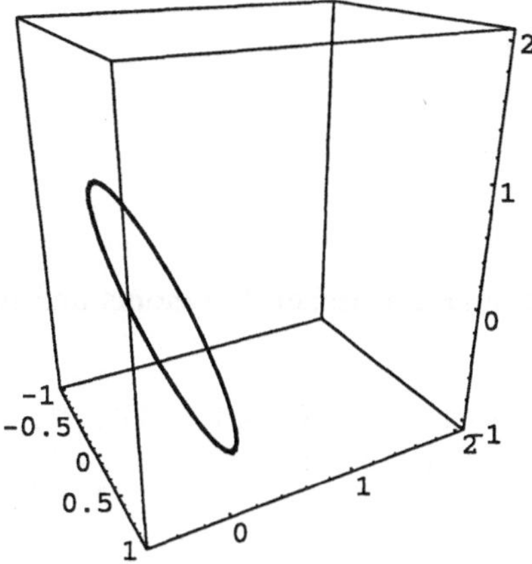

Bild 4.15
Ein Fundamentalsystem der Drehbewegung $V' = -2W \times V$, Darstellung im Phasenraum

und folgende Beiträge zum Fundamentalsystem:

$$Y_1(x) = \begin{pmatrix} \frac{w_1 w_3}{-w_1^2 - w_2^2} \\ \frac{w_2 w_3}{-w_1^2 - w_2^2} \\ 1 \end{pmatrix} \cos(2|W|x) - \begin{pmatrix} \frac{w_2(-w_1^2 - w_2^2) - w_2 w_3^2}{(-w_1^2 - w_2^2)|W|} \\ \frac{w_1 |W|}{-w_1^2 - w_2^2} \\ 0 \end{pmatrix} \sin(2|W|x)$$

und

$$Y_2(x) = \begin{pmatrix} \frac{w_1 w_3}{-w_1^2 - w_2^2} \\ \frac{w_2 w_3}{-w_1^2 - w_2^2} \\ 1 \end{pmatrix} \sin(2|W|x) + \begin{pmatrix} \frac{w_2(-w_1^2 - w_2^2) - w_2 w_3^2}{(-w_1^2 - w_2^2)|W|} \\ \frac{w_1 |W|}{-w_1^2 - w_2^2} \\ 0 \end{pmatrix} \cos(2|W|x) .$$

Ein Beitrag zum Fundamentalsystem ist konstant, zwei Beiträge stellen periodische Lösungen dar, die im Phasenraum auf einer gemeinsamen Phasenbahn verlaufen.
Beispiel:

$$Y' = AY$$

mit

$$A = \begin{pmatrix} \frac{7}{2} & -3 & \frac{5}{2} \\ \frac{13}{4} & -\frac{9}{2} & \frac{15}{4} \\ 5 & -10 & 7 \end{pmatrix}$$

Eingabe der Systemmatrix A, Aufstellen des charakteristischen Polynoms und Bestimmung seiner Nullstellen:

```
In[1]:= A={{7/2, -3, 5/2}, {13/4, -9/2, 15/4}, {5, -10, 7}};
        p[la_]:=Det[A- la IdentityMatrix[3]];
        l=Solve[p[la]==0,la]

Out[3]= {{la -> 2}, {la -> 2}, {la -> 2}}
```

Also haben wir einen dreifachen Eigenwert:

$$\lambda_1 = 2\,.$$

Aufstellen der Matrix

$$A1 = A - 2E$$

und Berechnung von $A1^2$ und $A1^3$:

```
In[4]:= A1=A - 2 IdentityMatrix[3]
Out[4]=
{{3/2, -3, 5/2}, {13/4, -13/2, 15/4}, {5, -10, 5}}
In[5]:= A2=MatrixPower[A1,2]
Out[5]=
{{5, -10, 5}, {5/2, -5, 5/2}, {0, 0, 0}}
In[6]:= A3=MatrixPower[A1,3]
Out[6]=
{{0,0,0},{0,0,0},{0,0,0}}
```

Da $A3 = (A - 2E)^3$ die Nullmatrix ergibt, stellen die Vektoren

$$U_{11} = (1,0,0)\,, \quad U_{12} = (0,1,0)\,, \quad U_{13} = (0,0,1)$$

eine Basis des Lösungsraumes

$$(A - 2E)^3 U = 0$$

dar. (Der erste Index numeriert den Eigenwert. Im vorliegenden Fall haben wir nur einen Eigenwert $\lambda_1 = 2$.)
Wir multiplizieren jeden Basisvektor mit den Matrixpotenzen
$A - 2E, (A - 2E)^2$ durch und deuten dies mit einem dritten Index an:

```
In[7]:= U111=Dot[A1,{1,0,0}]
Out[7]= {3/2, 13/4, 5}
In[8]:= U112=Dot[A2,{1,0,0}]
Out[8]= {5, 5/2, 0}
In[9]:= U121=Dot[A1,{0,1,0}]
Out[9]= {-3, -13/2, -10}
In[10]:= U122=Dot[A2,{0,1,0}]
Out[10]= {-10, -5, 0}
In[11]:= U131=Dot[A1,{0,0,1}]
Out[11]= {5/2, 15/4, 5}
In[12]:= U132=Dot[A2,{0,0,1}]
Out[12]= {5, 5/2, 0}
```

Dies ergibt die Fundamentallösungen:

$$
\begin{aligned}
Y_{11} &= \left(U_{11} + U_{111}x + U_{112}\frac{x^2}{2}\right) e^{2x} \\
&= \left(\begin{pmatrix}1\\0\\0\end{pmatrix} + \begin{pmatrix}\frac{3}{2}\\\frac{13}{4}\\5\end{pmatrix} x + \begin{pmatrix}5\\\frac{5}{2}\\0\end{pmatrix}\frac{x^2}{2}\right) e^{2x},
\end{aligned}
$$

$$
\begin{aligned}
Y_{12} &= \left(U_{12} + U_{121}x + U_{122}\frac{x^2}{2}\right) e^{2x} \\
&= \left(\begin{pmatrix}0\\1\\0\end{pmatrix} + \begin{pmatrix}-3\\-\frac{13}{2}\\-10\end{pmatrix} x + \begin{pmatrix}-10\\-5\\0\end{pmatrix}\frac{x^2}{2}\right) e^{2x},
\end{aligned}
$$

$$
\begin{aligned}
Y_{13} &= \left(U_{13} + U_{131}x + U_{132}\frac{x^2}{2}\right) e^{2x} \\
&= \left(\begin{pmatrix}0\\0\\1\end{pmatrix} + \begin{pmatrix}\frac{5}{2}\\\frac{15}{4}\\5\end{pmatrix} x + \begin{pmatrix}5\\\frac{5}{2}\\0\end{pmatrix}\frac{x^2}{2}\right) e^{2x}.
\end{aligned}
$$

Die folgenden Blöcke `fundsyss` und `ereihe` lassen den an dem obigen Beispiel demonstrierten Lösungsalgorithmus in einem Programm ablaufen:

```
fundsyss[ma_]:=Block[{p,m1,l,s1,s2,j,i,mi,lai,n,m},
                  m1=Length[ma];
                  p=Det[ma -la IdentityMatrix[m1]];
                  l=Solve[p==0,la];
                  s1=la/.l;
                  Print["Eigenwerte:"];
                  Print[s1];
                  s2=vfach[s1];
```

```
                   Print["Vielfachheiten:"];
                   Print[s2];
                   n=Length[s1];
                   m=Length[s2];
                   j=0;
                   i=1;
                   While[i<=m,
                        j=j+s2[[i]];
                        c=Take[s1,j];
                        lai=c[[j]];
                        lam=lai //N;
                        ci=Im[lam];
                        If[ci===0,
                        ereihe[ma,lai,s2[[i]],n,i],
                        ereihe[ma,lai,s2[[i]],n,i];
                        j=j+s2[[i]];
                        i=i+1
                          ];
                     i++]
                    ]

ereihe[ma_,lai_,mfai_,m_,i1_]:=Block[{evs,nz,m1,j},
                   Print["Hauptvektoren und Loesungen:"];
                   mai[1]=ma-lai IdentityMatrix[m];
                   If[mfai==1,
                      evs=NullSpace[mai[1]];
                      m1=Length[evs];
  Do[y[i]=Exp[lai x];
     Print["u[",i1,",",i,"]=",evs[[i]]];
  Print["Y[",i1,",",i,"]=",y[i],"u[",i1,",",i,"]"],
                      {i,1,m1}],
  Do[mai[i]=MatrixPower[mai[1],i],{i,2,mfai}];
            evs=NullSpace[mai[mfai]];
                      nz=Length[evs];
  Do[Print["u[",i1,",",i,"]=",evs[[i]]],{i,1,nz}];
                      j=1;
                      While[j<=nz,
                           Do[u1[j,i]=Dot[mai[i],evs[[j]]];
   Print["u[",i1,",",j,",",i,"]=",u1[j,i]],{i,1,mfai-1}];
   y[j]=u[i1,j]+Sum[1/k! u[i1,j,k] x^{k},{k,1,mfai-1}];
   y[j]=Exp[lai x] y[j] ;
   Print["Y[",i1,",",j,"]=",y[j]];
                           j++]
                      ]
                                      ]
```

Zunächst werden die Eigenwerte mit ihren Vielfachheiten berechnet und ausgegeben. Sodann werden die Beiträge der einzelnen Eigenwerte zu einer Basis aus Hauptvektoren ermittelt und ausgegeben. Um die Struktur des Lösungsraumes, den wir auf komplexwer-

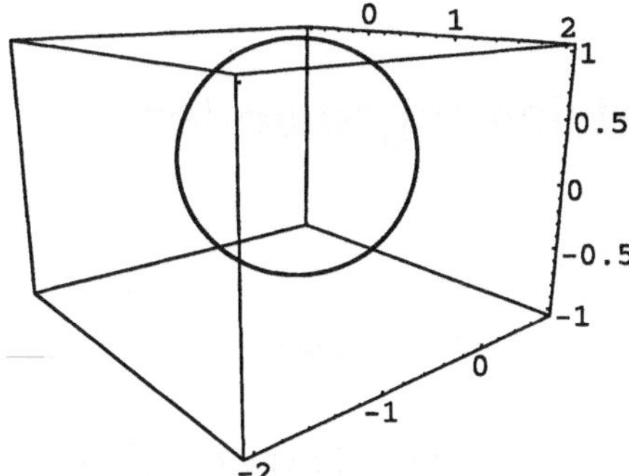

Bild 4.16
Ein Fundamentalsystem von $y_1' = y_2 + 2y_3$, $y_2' = -y_1 + 2y_3$, $y_3' = -2y_1 - 2y_2$, Darstellung im Phasenraum

tigen Fundamentallösungen bzw. Hauptvektoren aufgebaut haben, weiterhin transparent zu erhalten, geben wir die Beiträge eines komplexen Eigenwertes zum Fundamentalsystem komplex aus. Diese Fundamentallösungen müßten dann noch in Realteil und Imaginärteil aufgespalten werden. (Die konjugiert komplexen Lösungen werden nicht ausgegeben).

Beispiel:

$$Y' = \begin{pmatrix} 0 & 1 & 2 \\ -1 & 0 & 2 \\ -2 & -2 & 0 \end{pmatrix} Y .$$

```
In[1]:= fundsyss[{{0,1,2},{-1,0,2},{-2,-2,0}}]

Eigenwerte:
{0,-3 I,3 I}

Vielfachheiten:
{1,1,1}

Hauptvektoren und Loesungen:
u[1,1]={2,-2,1}
Y[1,1]=1 u[1,1]

Hauptvektoren und Loesungen:
u[2,1]={-(1/4)+(3/4) I,(1/4)+(3/4) I,1}
Y[2,1]=Exp[-3 I x] u[2,1]
```

Wir bekommen drei reelle Fundamentallösungen, wenn wir Realteil und Imaginärteil der komplexwertigen Lösung $Y[2,1]$ betrachten. Also bilden die Lösungen

$$\begin{pmatrix} 2 \\ -2 \\ 1 \end{pmatrix}, \quad \frac{1}{4}\begin{pmatrix} -\cos(3x) - 3\sin(3x) \\ \cos(3x) + 3\sin(3x) \\ 4\cos(3x) \end{pmatrix}, \quad \frac{1}{4}\begin{pmatrix} 3\cos(3x) - \sin(3x) \\ 3\cos(3x) + \sin(3x) \\ -4\sin(3x) \end{pmatrix}$$

ein reelles Fundamentalsystem. Ein Beitrag zum Fundamentalsystem ist konstant, zwei Beiträge stellen wieder periodische Lösungen mit einer gemeinsamen Phasenbahn dar.

5 Partielle Differentialgleichungen erster Ordnung

5.1 Das Cauchy-Problem für quasilineare Gleichungen

Die partiellen Differentialgleichungen erster Ordnung sind sehr eng mit den gewöhnlichen verwandt. Trotzdem ist ihre Lösungsmenge viel reichhaltiger und zeigt bereits ein wesentliches Merkmal partieller Differentialgleichungen. Anstelle von freien Konstanten (frei wählbaren Anfangswerten) enthält ihre allgemeine Lösung eine frei wählbare Funktion (Anfangsfunktion), und anstelle des Anfangspunktes tritt eine Anfangskurve. Wir werden uns hier auf quasilineare partielle Differentialgleichungen erster Ordnung in zwei unabhängigen Variablen beschränken. Dieser Fall beinhaltet bereits die wichtigsten Aspekte der Lösungstheorie.

Definition 5.1 Sei $G \subset \mathbb{R}^3$ ein Gebiet und seien

$$a, b, c: \quad G \longrightarrow \mathbb{R}$$

stetig differenzierbare Funktionen.
Die partielle Differentialgleichung

$$a(x,y,u)\frac{\partial u}{\partial x} + b(x,y,u)\frac{\partial u}{\partial y} = c(x,y,u) \tag{5.1}$$

heißt quasilineare Gleichung erster Ordnung.

Definition 5.2 Unter einer Lösung von (5.1) verstehen wir eine stetig differenzierbare Funktion

$$u: D \longrightarrow \mathbb{R}, \quad D \subset \mathbb{R}^2,$$

mit den Eigenschaften

$$(x,y,u(x,y)) \in G \quad \text{für} \quad (x,y) \in D$$

und

$$a(x,y,u(x,y))\frac{\partial}{\partial x}u(x,y) + b(x,y,u(x,y))\frac{\partial}{\partial y}u(x,y) = c(x,y,u(x,y))$$

Wir werden im folgenden Abschnitt zunächst eine Lösungsmethode für den Spezialfall der linearen homogenen Gleichung entwickeln, wo die Funktionen a und b nicht von der gesuchten Funktion u abhängen und c identisch verschwindet.

Definition 5.3: Sei $G \subset \mathbb{R}^2$ ein Gebiet und seien

$$a: \quad G \longrightarrow \mathbb{R}, \quad b: \quad G \longrightarrow \mathbb{R}$$

stetig differenzierbare Funktionen.
Die partielle Differentialgleichung

$$a(x,y)\frac{\partial u}{\partial x} + b(x,y)\frac{\partial u}{\partial y} = 0 \tag{5.2}$$

heißt lineare, homogene Gleichung erster Ordnung .

Mathematica enthält das Paket `Calculus'PDSolve1'` zur Lösung von partiellen Differentialgleichungen erster Ordnung. Nachdem man dieses Paket aufgerufen hat, kann man die Differentialgleichung mit `DSolve` bearbeiten. (Das Paket `Calculus'DSolve'` braucht nun nicht mehr geladen zu werden).

```
<<Calculus'PDSolve1'
DSolve[a[x,y,u[x,y]] D[u[x,y],x]
        + b[x,y,u[x,y]] D[u[x,y],y]
        ==c[x,y,u[x,y]],{x,y}]
```

Zwei **Beispiele**:

```
In[1]:= <<Calculus'PDSolve1'
In[2]:= eqn1=1/x D[u[x,y],x]+y^3 D[u[x,y],y]==0;
        eqn2=al D[u[x,y],x] + be D[u[x,y],y]==1;

In[3]:= DSolve[eqn1,u[x,y],{x,y}]
Out[3]= {{u[x,y]->C[1][-x^2/2 -1/(2 y^2)]}}

In[4]:= DSolve[eqn2,u[x,y],{x,y}]
Out[4]= {{u[x,y]->x/al + C[1][-(be x)/al + y]}}
```

Das heißt, *Mathematica* hat für die Gleichung

$$\frac{1}{x}\frac{\partial}{\partial x}u(x,y) + y^3\frac{\partial}{\partial y}u(x,y) = 0$$

die Lösung

$$u(x,y) = C\left(-\frac{x^2}{2} - \frac{1}{2y^2}\right)$$

und für

$$\alpha\frac{\partial}{\partial x}u(x,y) + \beta\frac{\partial}{\partial y}u(x,y) = 1\,, \quad \alpha,\beta \quad \text{Konstante}$$

die Lösung

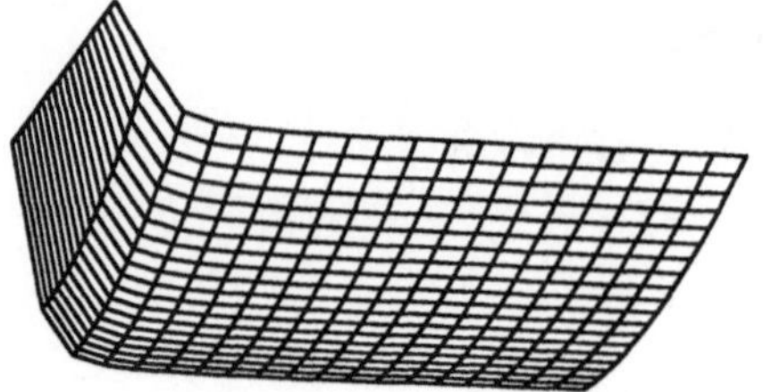

Bild 5.1
Eine Lösung von $\frac{1}{x}\frac{\partial u}{\partial x} + y^3\frac{\partial u}{\partial y} = 0$

$$u(x,y) = \frac{x}{\alpha} + C\left(-\frac{\beta}{\alpha}x + y\right)$$

jeweils mit einer beliebigen Funktion C gefunden.

Um eine Vorstellung von den Vorgaben zu bekommen, die für die quasilineare Differentialgleichung erster Ordnung sinnvoll sein könnten, orientieren wir uns an der gewöhnlichen linearen Differentialgleichung erster Ordnung

$$y' = a(x)y + b(x)\,.$$

Bekanntlich gibt es hier genau eine Lösung zur Anfangsbedingung

$$y(x_0) = y_0\,.$$

Warum war diese Vorgabe hinreichend zur Festlegung der Lösung?
Wenn wir voraussetzen, daß a und b analytische Funktionen sind, dann können wir eine Lösung beliebig oft differenzieren und erhalten

$$y'(x_0) = a(x_0)y_0 + b(x_0)\,,$$

$$y''(x_0) = a(x_0)y'(x_0) + a'(x_0)y'(x_0) + b'(x_0)\,,$$

$$y'''(x_0) = a(x_0)y''(x_0) + 2a'(x_0)y'(x_0) + a''(x_0)y_0 + b''(x_0)\,,$$

usw.. Das heißt, durch die Anfangsbedingung werden sämtliche Ableitungen und damit die Potenzreihenentwicklung der Lösung

$$y(x) = \sum_{k=0}^{\infty} \frac{y^{(k)}(x_0)}{k!}(x - x_0)^k$$

festgelegt. Man kann zeigen, daß die Reihe gleichmäßig konvergiert.

Versuchen wir nun dies auf die quasilineare Differentialgleichung erster Ordnung zu übertragen. Anstelle eines Anfangspunktes geben wir eine Anfangskurve

$$(\bar{x}(s), \bar{y}(s))$$

und eine Anfangsfunktion

$$\bar{u}(s)$$

vor und stellen das folgende Cauchy-Problem (Anfangswertproblem)

$$u(\bar{x}(s), \bar{y}(s)) = \bar{u}(s).$$

Wir fragen uns, ob unter der Voraussetzung der Analytizität aller Daten die Lösung durch diese Vorgaben bereits eindeutig festgelegt ist und in eine Potenzreihe entwickelt werden kann.

Zunächst prüfen wir, ob die ersten partiellen Ableitungen in den Kurvenpunkten $(\bar{x}(s), \bar{y}(s))$

$$\bar{p}(s) = \left.\frac{\partial u}{\partial x}\right|_{(\bar{x}(s),\bar{y}(s))}, \quad \bar{q}(s) = \left.\frac{\partial u}{\partial y}\right|_{(\bar{x}(s),\bar{y}(s))}$$

aus den Vorgaben berechnet werden können.
Durch Differenzieren erhalten wir

$$\frac{\mathrm{d}}{\mathrm{d}s}\bar{u}(s) = \bar{p}(s)\frac{\mathrm{d}}{\mathrm{d}s}\bar{x}(s) + \bar{q}(s)\frac{\mathrm{d}}{\mathrm{d}s}\bar{y}(s),$$

was zusammen mit der Differentialgleichung (5.1) selbst ein lineares inhomogenes Gleichungssystem für die partiellen Ableitungen $\bar{p}(s)$ und $\bar{q}(s)$

$$\begin{aligned} \left(\frac{\mathrm{d}}{\mathrm{d}s}\bar{x}(s)\right)\bar{p}(s) + \left(\frac{\mathrm{d}}{\mathrm{d}s}\bar{y}(s)\right)\bar{q}(s) &= \frac{\mathrm{d}}{\mathrm{d}s}\bar{u}(s), \\ a(\bar{x}(s), \bar{y}(s), \bar{u}(s))\bar{p}(s) + b(\bar{x}(s), \bar{y}(s), \bar{u}(s))\bar{q}(s) &= c(\bar{x}(s), \bar{y}(s), \bar{u}(s)), \end{aligned}$$

ergibt.

Das heißt, die ersten Ableitungen liegen eindeutig fest, wenn für einen Kurvenparameter s gilt

$$\begin{vmatrix} \frac{\mathrm{d}}{\mathrm{d}s}\bar{x}(s) & \frac{\mathrm{d}}{\mathrm{d}s}\bar{y}(s) \\ a(\bar{x}(s), \bar{y}(s), \bar{u}(s)) & b(\bar{x}(s), \bar{y}(s), \bar{u}(s)) \end{vmatrix} \neq 0.$$

Im Fall einer linearen homogenen Differentialgleichung (5.2) bedeutet das Verschwinden der Determinante des Systems, daß die Anfangskurve die sogenannte charakteristische Gleichung

$$\frac{\frac{\mathrm{d}\bar{y}}{\mathrm{d}s}}{\frac{\mathrm{d}\bar{x}}{\mathrm{d}s}} = \frac{b(\bar{x}, \bar{y})}{a(\bar{x}, \bar{y})}$$

erfüllt.
Die zweiten partiellen Ableitungen in den Kurvenpunkten $(\bar{x}(s), \bar{y}(s))$ berechnen sich nun wie folgt. Wir gehen aus von einer der beiden Gleichungen

$$\bar{p}(s) = \left.\frac{\partial u}{\partial x}\right|_{(\bar{x}(s),\bar{y}(s))}, \quad \bar{q}(s) = \left.\frac{\partial u}{\partial y}\right|_{(\bar{x}(s),\bar{y}(s))},$$

und erhalten zum Beispiel aus der ersten Gleichung durch Differenzieren

$$\frac{\mathrm{d}}{\mathrm{d}s}\bar{p}(s) = \left.\frac{\partial^2 u}{\partial x^2}\right|_{(\bar{x}(s),\bar{y}(s))}\frac{\mathrm{d}}{\mathrm{d}s}\bar{x}(s) + \left.\frac{\partial^2 u}{\partial x\partial y}\right|_{(\bar{x}(s),\bar{y}(s))}\frac{\mathrm{d}}{\mathrm{d}s}\bar{y}(s).$$

Partielles Ableiten nach x von (5.1) und anschließendes Betrachten auf den Kurvenpunkten $(x, y) = (\bar{x}(s), \bar{y}(s))$ ergibt

$$
\begin{aligned}
a(\bar{x}(s), \bar{y}(s), \bar{u}(s)) \left.\frac{\partial^2 u}{\partial x^2}\right|_{(\bar{x}(s),\bar{y}(s))} &+ b(\bar{x}(s), \bar{y}(s), \bar{u}(s)) \left.\frac{\partial^2 u}{\partial x \partial y}\right|_{(\bar{x}(s),\bar{y}(s))} \\
&= \left.\frac{\partial c}{\partial x}\right|_{(\bar{x}(s),\bar{y}(s),\bar{u}(s))} + \left(\left.\frac{\partial c}{\partial u}\right|_{(\bar{x}(s),\bar{y}(s),\bar{u}(s))} \right) \bar{p}(s) \\
&- \left(\left.\frac{\partial a}{\partial x}\right|_{(\bar{x}(s),\bar{y}(s),\bar{u}(s))} + \left(\left.\frac{\partial a}{\partial u}\right|_{(\bar{x}(s),\bar{y}(s),\bar{u}(s))} \right) \bar{p}(s) \right) \bar{p}(s) \\
&- \left(\left.\frac{\partial b}{\partial x}\right|_{(\bar{x}(s),\bar{y}(s),\bar{u}(s))} + \left(\left.\frac{\partial b}{\partial u}\right|_{(\bar{x}(s),\bar{y}(s),\bar{u}(s))} \right) \bar{p}(s) \right) \bar{q}(s) .
\end{aligned}
$$

Wir bekommen also für die zweiten partiellen Ableitungen $\partial^2 u / \partial x^2$ und $\partial^2 u / \partial x \partial y$ in den Kurvenpunkten wiederum ein lineares inhomogenes Gleichungssystem mit derselben Systemdeterminante wie vorher. Genauso kann man ein Gleichungssystem für die zweiten partiellen Ableitungen $\partial^2 u / \partial x \partial y$ und $\partial^2 u / \partial y^2$ und für alle höheren partiellen Ableitungen in den Kurvenpunkten aufstellen. Dies führt auf eine eindeutige Potenzreihenentwicklung der Losung um einen Kurvenpunkt $(x_0, y_0) = (\bar{x}(s_0), \bar{y}(s_0))$:

$$
u(x, y) = \sum_{j=0}^{\infty} \sum_{k=0}^{\infty} \frac{1}{j!k!} \left.\frac{\partial^{j+k} u}{\partial x^j \partial y^k}\right|_{(x_0,y_0)} (x - x_0)^j (y - y_0)^k .
$$

Das Cauchy-Kowalewski-Theorem ([6], S.59) befaßt sich mit der Konvergenz solcher Reihenentwicklungen.

5.2 Die lineare homogene Gleichung

Die lineare homogene Gleichung (5.2) kann man als Skalarprodukt des charakteristischen Vektorfeldes

$$
\begin{pmatrix} a(x, y) \\ b(x, y) \end{pmatrix}
$$

mit dem Gradienten der Lösung $u(x, y)$ aufassen und schreiben

$$
(a(x, y), b(x, y)) \cdot \nabla u(x, y) = 0 . \tag{5.3}
$$

Die Aufassung (5.3) der Lösungseigenschaft legt es nahe, die charakteristischen Gleichungen

$$
\begin{aligned}
\dot{X} &= a(X, Y) , &(5.4)\\
\dot{Y} &= b(X, Y) , &(5.5)
\end{aligned}
$$

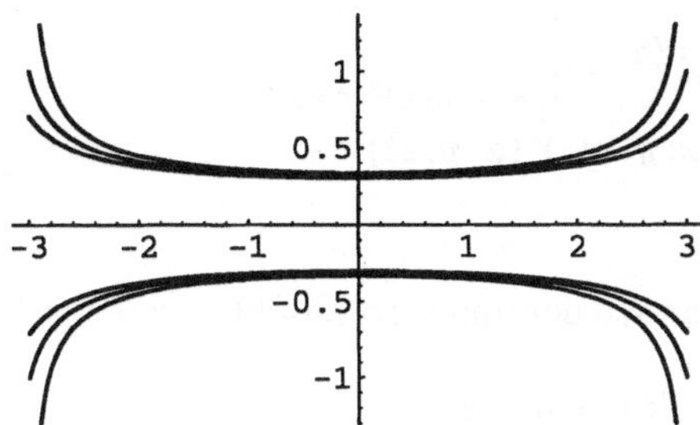

Bild 5.2
Charakteristiken von $\frac{1}{x}\frac{\partial u}{\partial x} + y^3 \frac{\partial u}{\partial y} = 0$

zu betrachten. Diese Differentialgleichungen sind autonom. Die unabhängige Variable soll mit ϵ bezeichnet werden, und wir schreiben der Kürze halber $\dot{X} = dX/d\epsilon$ etc..

Da die Funktionen a und b in G stetig differenzierbar sind, gibt es zu jedem Punkt aus G lokal genau eine Lösung des Systems (5.4)–(5.5)

$$(X(x,y,\epsilon), Y(x,y,\epsilon)) \quad \text{mit} \quad (X(x,y,0), Y(x,y,0)) = (x,y)\,,$$

die man als Charakteristik bezeichnet.

Die Beobachtung, daß die Losungen konstant sind längs Charakteristiken, ist der Schlüssel zur Lösung der Differentialgleichung (5.2). Sei (x_0, y_0) ein Punkt aus G. Aufgrund der Differenzierbarkeitseigenschaft des charakteristischen Vektorfeldes gibt es ein rechteckiges Gebiet

$$G_0 = \{(x,y,\epsilon)| \quad |x - x_0| < \alpha_1\,, \quad |y - y_0| < \alpha_2\,, \quad |\epsilon| < \beta\}\,,$$

auf welchem die Funktionen X und Y erklärt und stetig differenzierbar sind.

Satz 5.1 *$u(x,y)$ stellt im Gebiet $\{(x,y,\epsilon)|\,|x - x_0| < \alpha_1\,, |y - y_0| < \alpha_2\}$ genau dann eine Lösung von (5.2) dar, wenn*

$$u(X(x,y,\epsilon), Y(x,y,\epsilon)) = u(x,y)$$

für alle $(x,y,\epsilon) \in G_0$ gilt.

Beweis: Wir nehmen zunächst an, daß $u(x,y)$ eine Lösung von (5.2) sei, und differenzieren

$$\begin{aligned}
\frac{\partial}{\partial \epsilon} u(X(x,y,\epsilon), Y(x,y,\epsilon)) &= \frac{\partial}{\partial x} u(x,y)\Big|_{(X(x,y,\epsilon),Y(x,y,\epsilon))} \frac{\partial}{\partial \epsilon} X(x,y,\epsilon) \\
&\quad + \frac{\partial}{\partial y} u(x,y)\Big|_{(X(x,y,\epsilon),Y(x,y,\epsilon))} \frac{\partial}{\partial \epsilon} Y(x,y,\epsilon) \\
&= \frac{\partial}{\partial x} u(x,y)\Big|_{(X(x,y,\epsilon),Y(x,y,\epsilon))} \cdot \\
&\quad a(X(x,y,\epsilon), Y(x,y,\epsilon))
\end{aligned}$$

$$\begin{aligned} & + \frac{\partial}{\partial y} u(x,y)\Big|_{(X(x,y,\epsilon),Y(x,y,\epsilon))} \cdot \\ & b(X(x,y,\epsilon),Y(x,y,\epsilon)) \\ = \;& 0 . \end{aligned}$$

Zum Beweis der Umkehrung differenziert man wieder und setzt anschließend $\epsilon = 0$. □

Wir wenden uns nun der Lösung des Cauchy-Problems zu.
Sei durch

$$s \longrightarrow (\bar{x}(s), \bar{y}(s)), \quad |s - s_0| < \delta$$

eine stetig differenzierbare, in G verlaufende Kurve gegeben, die durch den Punkt (x_0, y_0)

$$(\bar{x}(s_0), \bar{y}(s_0)) = (x_0, y_0)$$

geht.
Der Tangentenvektor dieser Kurve im Punkte (x_0, y_0)

$$\begin{pmatrix} \frac{\mathrm{d}}{\mathrm{d}s}\bar{x}(s) \\ \\ \frac{\mathrm{d}}{\mathrm{d}s}\bar{y}(s) \end{pmatrix}_{s=s_0}$$

und das charakteristische Vektorfeld

$$\begin{pmatrix} a(x_0, y_0) \\ b(x_0, y_0) \end{pmatrix}$$

seien linear unabhängig.

Wir wollen zeigen, daß es (lokal) genau eine Lösung von (5.2) gibt, die auf der Anfangskurve $(\bar{x}(s), \bar{y}(s))$ eine vorgeschriebene, stetig differenzierbare Anfangsfunktion

$$s \longrightarrow \bar{u}(s), \quad |s - s_0| < \delta$$

annimmt.

Satz 5.2 *Unter den obigen Voraussetzungen gibt es eine rechteckige Umgebung* $\{(x, y) |$ $|x - x_0| < \gamma_1 , \quad |y - y_0| < \gamma_2\}$ *von* (x_0, y_0) *und dort genau eine Lösung von (5.2), die*

$$u(\bar{x}(s), \bar{y}(s)) = \bar{u}(s)$$

erfüllt.

Beweis: Wir erklären eine Koordinatentransformation durch die umkehrbar eindeutige Abbildung

$$\begin{aligned} x &= X(\bar{x}(s), \bar{y}(s), \epsilon) , \\ y &= Y(\bar{x}(s), \bar{y}(s), \epsilon) . \end{aligned}$$

Daß diese Abbildung (lokal) in einer Umgebung von $(s_0, 0)$ umkehrbar ist, bestätigt man, indem man die Jacobimatrix im Punkt $(s_0, 0)$ bildet

$$\begin{pmatrix} \frac{\partial}{\partial s} X(\bar{x}(s), \bar{y}(s), \epsilon) & \frac{\partial}{\partial \epsilon} X(\bar{x}(s), \bar{y}(s), \epsilon) \\ \frac{\partial Y}{\partial s} Y(\bar{x}(s), \bar{y}(s), \epsilon) & \frac{\partial Y}{\partial \epsilon} Y(\bar{x}(s), \bar{y}(s), \epsilon) \end{pmatrix}_{(s,\epsilon)=(s_0,0)}$$

$$= \begin{pmatrix} \frac{\mathrm{d}}{\mathrm{d}s}\bar{x}(s)\Big|_{s=s_0} & a(x_0, y_0) \\ \frac{\mathrm{d}}{\mathrm{d}s}\bar{y}(s)\Big|_{s=s_0} & b(x_0, y_0) \end{pmatrix},$$

welche nach Voraussetzung nichtsingulär ist.

Wir definieren eine Funktion $u(x, y)$, indem wir sie zunächst in den Koordinaten s und ϵ festlegen:

$$u(X(\bar{x}(s), \bar{y}(s), \epsilon), Y(\bar{x}(s), \bar{y}(s), \epsilon)) = \bar{u}(s),$$

was auf die Darstellung

$$u(x, y) = \bar{u}(s(x, y))$$

führt. Auf der Anfangskurve nimmt die so definierte Funktion $u(x, y)$ jedenfalls die vorgeschriebenen Anfangswerte an, wie man durch Einsetzen von $\epsilon = 0$ sieht.
Daß $u(x, y)$ die Differentialgleichung erfüllt, bestätigt man durch den Nachweis, daß $s(x, y)$ bereits eine Lösung, also konstant längs Charakteristiken, ist. Dazu bemerkt man zunächst, daß das Produkt der Jacobimatrizen der Koordinatentransformation und ihrer Umkehrung die Einheitsmatrix ergibt

$$\begin{pmatrix} \frac{\partial}{\partial x} s(x, y) & \frac{\partial}{\partial y} s(x, y) \\ \frac{\partial}{\partial x} \epsilon(x, y) & \frac{\partial}{\partial y} \epsilon(x, y) \end{pmatrix}_{(x,y)=(X(\bar{x}(s),\bar{y}(s),\epsilon),Y(\bar{x}(s),\bar{y}(s),\epsilon))}$$

$$\begin{pmatrix} \frac{\partial}{\partial s} X(\bar{x}(s), \bar{y}(s), \epsilon) & \frac{\partial}{\partial \epsilon} X(\bar{x}(s), \bar{y}(s), \epsilon) \\ \frac{\partial Y}{\partial s} Y(\bar{x}(s), \bar{y}(s), \epsilon) & \frac{\partial Y}{\partial \epsilon} Y(\bar{x}(s), \bar{y}(s), \epsilon) \end{pmatrix}$$

$$= \begin{pmatrix} 1 & 0 \\ 0 & 1 \end{pmatrix}.$$

Bildet man das Produkt der ersten Zeile der ersten Matrix mit der zweiten Spalte der zweiten Matrix, so erhält man

$$\begin{aligned} 0 &= \frac{\partial s}{\partial x}\Big|_{(X(\bar{x}(s),\bar{y}(s),\epsilon),Y(\bar{x}(s),\bar{y}(s),\epsilon))} \frac{\partial}{\partial \epsilon} X(\bar{x}(s), \bar{y}(s), \epsilon) \\ &\quad + \frac{\partial s}{\partial y}\Big|_{(X(\bar{x}(s),\bar{y}(s),\epsilon),Y(\bar{x}(s),\bar{y}(s),\epsilon))} \frac{\partial}{\partial \epsilon} Y(\bar{x}(s), \bar{y}(s), \epsilon) \\ &= \frac{\partial s}{\partial x}\Big|_{(X(\bar{x}(s),\bar{y}(s),\epsilon),Y(\bar{x}(s),\bar{y}(s),\epsilon))}. \end{aligned}$$

$$
\begin{aligned}
&a(X(\bar{x}(s),\bar{y}(s),\epsilon),Y(\bar{x}(s),\bar{y}(s),\epsilon)) \\
&+\left.\frac{\partial s}{\partial y}\right|_{(X(\bar{x}(s),\bar{y}(s),\epsilon),Y(\bar{x}(s),\bar{y}(s),\epsilon))} \\
&b(X(\bar{x}(s),\bar{y}(s),\epsilon),Y(\bar{x}(s),\bar{y}(s),\epsilon)) .
\end{aligned}
$$

Den Nachweis der Eindeutigkeit der Losung führt man mit denselben Argumenten: Darstellung der Lösung in den Koordinaten s und ϵ und der Tatsache, daß Lösungen längs Charakteristiken konstant sind. □

Bemerkung: In der allgemeinen Lösung einer gewöhnlichen Differentialgleichung erster Ordnung tritt eine freie Konstante auf. Analog dazu haben wir nun bei der partiellen Differentialgleichung erster Ordnung eine freie Funktion. Dies kann man sich so klar machen: Wenn $\tilde{u}(x,y)$ die Lösung von (5.2) ist, die mit einer geeigneten Anfangskurve die Anfangsbedingung

$$\tilde{u}(\bar{x}(s),\bar{y}(s)) = s$$

erfüllt, so können wir aufgrund von Satz 5.2 jede weitere Lösung $u(x,y)$ von 5.2 (lokal) darstellen als

$$u(x,y) = f(\tilde{u}(x,y))$$

mit

$$f(s) = u(\bar{x}(s),\bar{y}(s)) .$$

Man überlegt sich nun leicht: Wenn eine Lösung vorliegt, dann kann man damit unter geeigneten Voraussetzungen Lösungen fur ein beliebiges Anfangswertproblem bestimmen, indem man die freie Funktion f anpaßt.

Beispiel:
Die Gleichung

$$\frac{1}{x}\frac{\partial u}{\partial x} + y^3\frac{\partial u}{\partial y} = 0$$

besitzt die Lösung

$$\tilde{u}(x,y) = x^2 + \frac{1}{y^2} .$$

Die Lösung $u(x,y)$, die die Anfangsbedingung

$$u(s^2,2) = \sin(s^2)$$

erfüllt, lautet

$$u(x,y) = \sin\left(x^2 + \frac{1}{y^2} - \frac{1}{4}\right) .$$

Mit *Mathematica* kann man das im Satz 5.2 angegebene Verfahren zur Lösung der linearen Differentialgleichung wie folgt programmieren:

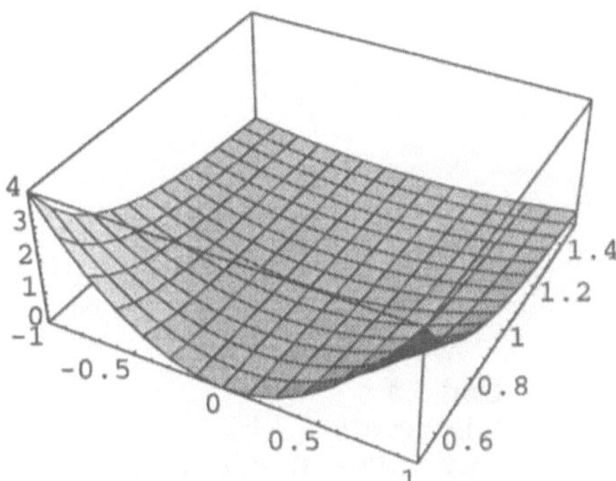

Bild 5.3
Lösung von
$x\frac{\partial u}{\partial x} + y\frac{\partial u}{\partial y} = 0\,, u(s,1) = s^2$

```
dgela:=Block[{l,d,gx,gy,sv},
            l=DSolve[{x'[eps]==a[x[eps],y[eps]],
                      y'[eps]==b[x[eps],y[eps]],
                      x[0]==xq,
                      y[0]==yq},
                      {x[eps],y[eps]},eps][[1]];
            gx=x[eps]/.l/.xq->xqa[s]/.yq->yqa[s];
            gy=y[eps]/.l/.xq->xqa[s]/.yq->yqa[s];
            d=Solve[{gx==x,gy==y},{s,eps}][[1]];
            sv=s/.d;
            u=uqa[sv]
           ]
```

Beispiel:

$$x\frac{\partial u}{\partial x} + y\frac{\partial u}{\partial y} = 0\,, \quad u(s,1) = s^2\,.$$

Eingabe der Differentialgleichung und der Anfangsbedingung:

```
In[1]:= a[x_,y_]:=x;
        b[x_,y_]:=y;
        xqa[s_]:=s;
        yqa[s_]:=1;
        uqa[s_]:=s^2;
```

Lösung:

```
In[6]:= dgela
Out[6]= x^2/y^2
```

Beispiel:

$$y\frac{\partial u}{\partial x} + \frac{\partial u}{\partial y} = 0\,, \quad u(s,0) = s^2\,.$$

Eingabe der Differentialgleichung und der Anfangsbedingung:

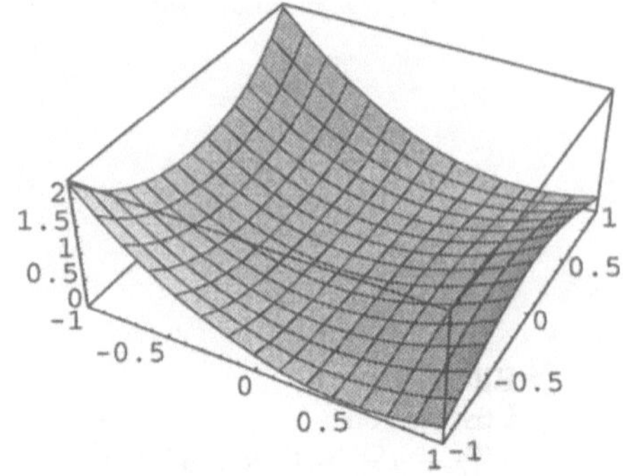

Bild 5.4
Lösung von
$y\frac{\partial u}{\partial x} + \frac{\partial u}{\partial y} = 0\,, u(s,0) = s^2$

```
In[1]:= a[x_,y_]:=y;
        b[x_,y_]:=1;
        xqa[s_]:=s;
        yqa[s_]:=0;
        uqa[s_]:=s^2;
```

Lösung:

```
In[6]:= dgela
Out[6]= (2*x - y^2)^2/4
```

Es kann natürlich sehr leicht passieren, daß die Auflösung, die im Block `dgela` vorgenommen werden soll, nicht geschlossen möglich ist. Man erhält dann von *Mathematica* entsprechende Meldungen und Outputs. Wählen wir zum Beispiel die Anfangsbedingung:

$$u(e^s, s) = s^2\,.$$

```
In[7]:= ClearAll[xqa,yqa,uqa];
        xqa[s_]:=Exp[s];
        yqa[s_]:=s;
        uqa[s_]:=s^2;
Out[10]:=
(s /. {E^s + eps^2/2 + eps*s == x, eps + s == y})^2
```

5.3 Die quasilineare Gleichung

Bei diesem allgemeineren Typ der partiellen Differentialgleichung erster Ordnung wählen wir einen anderen Zugang zur Lösung.
Jede Lösung $u(x, y)$ können wir als Fläche $(x, y, u(x, y))$ im dreidimensionalen Raum auffassen – man spricht dann von Integralflächen. Die Tangentialebene an eine Integralfläche in einem Punkt $(x, y, u(x, y))$ wird von den Tangentenvektoren

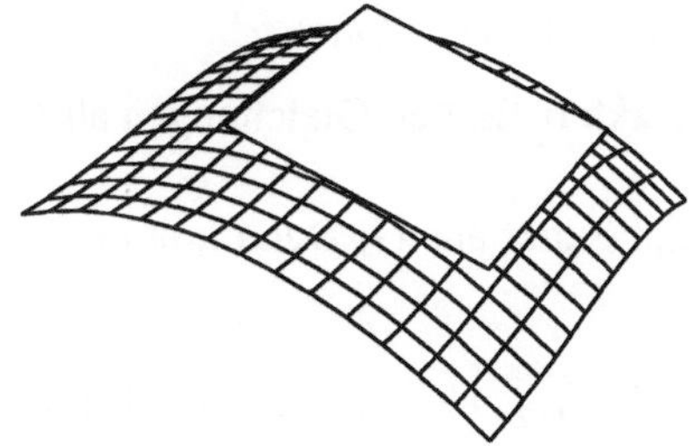

Bild 5.5
Integralfläche mit Tangentialebene

$$\begin{pmatrix} 1 \\ 0 \\ \frac{\partial}{\partial x}u(x,y) \end{pmatrix}, \quad \begin{pmatrix} 0 \\ 1 \\ \frac{\partial}{\partial y}u(x,y) \end{pmatrix}$$

aufgespannt. Die Gleichung (5.1) besagt nun, daß das charakteristische Vektorfeld

$$\begin{pmatrix} a(x,y,u) \\ b(x,y,u) \\ c(x,y,u) \end{pmatrix}$$

in der Tangentialebene der Integralfläche liegt

$$a(x,y,u(x,y)) \begin{pmatrix} 1 \\ 0 \\ \frac{\partial}{\partial x}u(x,y) \end{pmatrix} + b(x,y,u(x,y)) \begin{pmatrix} 0 \\ 1 \\ \frac{\partial}{\partial y}u(x,y) \end{pmatrix}$$
$$= \begin{pmatrix} a(x,y,u(x,y)) \\ b(x,y,u(x,y)) \\ c(x,y,u(x,y)) \end{pmatrix}. \tag{5.6}$$

Es ist wichtig, festzustellen, daß diese geometrische Eigenschaft der Integralfläche invariant gegenüber Koordinatentransformationen ist.

Wir versuchen nun einfach Flächen im dreidimensionalen Raum zu konstruieren, deren Tangentialebene das charakteristische Vektorfeld enthält, und nehmen dazu die charakteristischen Gleichungen

$$\dot{X} = a(X,Y,U), \tag{5.7}$$
$$\dot{Y} = b(X,Y,U), \tag{5.8}$$
$$\dot{U} = c(X,Y,U), \tag{5.9}$$

zu Hilfe.

Da die Funktionen a, b und c in G stetig differenzierbar sind, gibt es zu jedem Punkt (x,y,u) aus G lokal genau eine Lösung (5.7)–(5.9)

$$(X(x,y,u,\epsilon), Y(x,y,u,\epsilon), U(x,y,u,\epsilon))$$

mit

$$(X(x,y,u,0), Y(x,y,u,0), U(x,y,u,0)) = (x,y,u).$$

Wiederum bezeichnet man die Lösungen der charakteristischen Gleichungen als Charakteristiken.

Nun zum Cauchy-Problem. Sei (x_0, y_0, u_0) ein Punkt aus G. Dann gibt es ein rechteckiges Gebiet

$$G_0 = \{(x,y,u,\epsilon)| \quad |x-x_0| < \alpha_1\,, |y-y_0| < \alpha_2\,, |u-u_0| < \alpha_3\,, |\epsilon| < \beta\}\,,$$

auf welchem die Funktionen X, Y und U erklärt und stetig differenzierbar sind.
Sei durch

$$s \longrightarrow (\bar{x}(s), \bar{y}(s), \bar{u}(s))\,, \quad |s-s_0| < \delta$$

eine stetig differenzierbare, in G verlaufende Kurve gegeben, die durch den Punkt (x_0, y_0, u_0)

$$(\bar{x}(s_0), \bar{y}(s_0), \bar{u}(s_0)) = (x_0, y_0, u_0)$$

geht.
Die Vektoren

$$\begin{pmatrix} \frac{\mathrm{d}}{\mathrm{d}s}\bar{x}(s) \\ \frac{\mathrm{d}}{\mathrm{d}s}\bar{y}(s) \end{pmatrix}_{s=s_0}$$

und

$$\begin{pmatrix} a(x_0, y_0, u_0) \\ b(x_0, y_0, u_0) \end{pmatrix}$$

seien linear unabhängig.

Satz 5.3 *Unter den obigen Voraussetzungen gibt es eine rechteckige Umgebung* $\{(x,y)| \; |x-x_0| < \gamma_1\,, \quad |y-y_0| < \gamma_2\}$ *von* (x_0, y_0) *und dort genau eine Lösung von (5.1), die*

$$u(\bar{x}(s), \bar{y}(s)) = \bar{u}(s)$$

erfüllt.

Beweis: Wir definieren eine im Gebiet G enthaltene Fläche durch

$$(s,\epsilon) \longrightarrow (X(\bar{x}(s), \bar{y}(s), \epsilon), Y(\bar{x}(s), \bar{y}(s), \epsilon), U(\bar{x}(s), \bar{y}(s), \epsilon))\,.$$

Aus den Voraussetzungen folgt, daß die Tangentenvektoren an diese Fläche im Punkte (x_0, y_0, u_0)

$$\begin{pmatrix} \frac{\partial}{\partial s}X(\bar{x}(s), \bar{y}(s), \bar{u}(s), \epsilon) \\ \frac{\partial}{\partial s}Y(\bar{x}(s), \bar{y}(s), \bar{u}(s), \epsilon) \\ \frac{\partial}{\partial s}U(\bar{x}(s), \bar{y}(s), \bar{u}(s), \epsilon) \end{pmatrix}_{(s,\epsilon)=(s_0,0)} = \begin{pmatrix} \frac{\mathrm{d}}{\mathrm{d}s}\bar{x}(s) \\ \frac{\mathrm{d}}{\mathrm{d}s}\bar{y}(s) \\ \frac{\mathrm{d}}{\mathrm{d}s}\bar{u}(s) \end{pmatrix}_{s=s_0}$$

und

$$\begin{pmatrix} \frac{\partial}{\partial\epsilon}X(\bar{x}(s),\bar{y}(s),\bar{u}(s),\epsilon) \\ \\ \frac{\partial}{\partial\epsilon}Y(\bar{x}(s),\bar{y}(s),\bar{u}(s),\epsilon) \\ \\ \frac{\partial}{\partial\epsilon}U(\bar{x}(s),\bar{y}(s),\bar{u}(s),\epsilon) \end{pmatrix}_{(s,\epsilon)=(s_0,0)} =$$

$$\begin{pmatrix} a(X(\bar{x}(s),\bar{y}(s),\bar{u}(s),\epsilon),Y(\bar{x}(s),\bar{y}(s),\bar{u}(s),\epsilon),U(\bar{x}(s),\bar{y}(s),\bar{u}(s),\epsilon)) \\ b(X(\bar{x}(s),\bar{y}(s),\bar{u}(s),\epsilon),Y(\bar{x}(s),\bar{y}(s),\bar{u}(s),\epsilon),U(\bar{x}(s),\bar{y}(s),\bar{u}(s),\epsilon)) \\ c(X(\bar{x}(s),\bar{y}(s),\bar{u}(s),\epsilon),Y(\bar{x}(s),\bar{y}(s),\bar{u}(s),\epsilon),U(\bar{x}(s),\bar{y}(s),\bar{u}(s),\epsilon)) \end{pmatrix}_{(s,\epsilon)=(s_0,0)}$$

$$= \begin{pmatrix} a(x_0,y_0,u_0) \\ b(x_0,y_0,u_0) \\ c(x_0,y_0,u_0) \end{pmatrix}$$

linear unabhängig sind. Aus Stetigkeitsgründen sind die Tangentenvektoren dann auch in den Punkten

$$(X(\bar{x}(s),\bar{y}(s),\bar{u}(s),\epsilon),Y(\bar{x}(s),\bar{y}(s),\bar{u}(s),\epsilon),U(\bar{x}(s),\bar{y}(s),\bar{u}(s),\epsilon))$$

für (s,ϵ) aus einer hinreichend kleinen Umgebung von $(s_0,0)$ linear unabhängig. Somit wird die Tangentialebene an die Fläche von den obigen beiden Vektoren aufgespannt, und das charakteristısche Vektorfeld ist in der Tangentialebene enthalten, so daß also eine Integralfläche vorliegt.
Die Voraussetzungen ermoglichen es uns weiter, durch die umkehrbar eindeutige Abbildung

$$\begin{aligned} x &= X(\bar{x}(s),\bar{y}(s),\bar{u}(s),\epsilon)\,, \\ y &= Y(\bar{x}(s),\bar{y}(s),\bar{u}(s),\epsilon)\,. \end{aligned}$$

neue Koordinaten einzufuhren. In diesen Koordinaten schreiben wir die Integralfläche in der Form

$$(x,y) \longrightarrow (x,y,U(\bar{x}(s(x,y)),\bar{y}(s(x,y)),\bar{u}(s(x,y)),\epsilon(x,y)))\,.$$

Die Integralfläche erfüllt dann (5.6), und wir erhalten als eindeutige Lösung des Cauchy-Problems

$$u(x,y) = U(\bar{x}(s(x,y)),\bar{y}(s(x,y)),\bar{u}(s(x,y)),\epsilon(x,y))\,.$$

□

Mit *Mathematica* kann man das soeben angegebene Verfahren zur Lösung der quasilinearen Dıfferentialgleichung wie folgt programmieren:

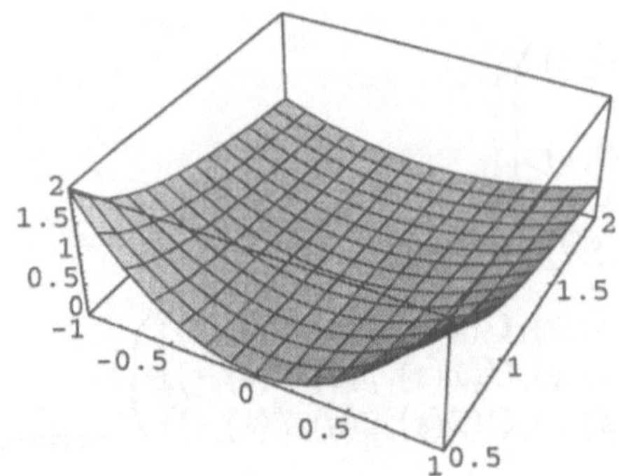

Bild 5.6
Lösung von
$x\frac{\partial u}{\partial x} + y\frac{\partial u}{\partial y} = u\,, u(s,1) = s^2$

```
dgeqa:=Block[{d,l,epsv,gx,gy,gu,sv},
          l=DSolve[{x'[eps]==a[x[eps],y[eps],u[eps]],
                  y'[eps]==b[x[eps],y[eps],u[eps]],
                  u'[eps]==c[x[eps],y[eps],u[eps]],
                  x[0]==xq,
                  y[0]==yq,
                  u[0]==uq},
                  {x[eps],y[eps],u[eps]},eps][[1]];
     gx=x[eps]/.l/.xq->xqa[s]/.yq->yqa[s]/.uq->uqa[s];
     gy=y[eps]/.l/.xq->xqa[s]/.yq->yqa[s]/.uq->uqa[s];
     gu=u[eps]/.l/.xq->xqa[s]/.yq->yqa[s]/.uq->uqa[s];
                d=Solve[{gx==x,gy==y},{s,eps}][[1]];
                  sv=s/.d;
                  epsv=eps/.d;
                  ul=gu/.s->sv/.eps->epsv
                ]
```

Beispiel:

$$x\frac{\partial u}{\partial x} + y\frac{\partial u}{\partial y} = u\,, \quad u(s,1) = s^2\,.$$

Eingabe der Differentialgleichung und der Anfangsbedingung:

```
In[1]:= a[x_,y_,u_]:=x;
        b[x_,y_,u_]:=y;
        c[x_,y_,u_]:=u;
        xqa[s_]:=s;
        yqa[s_]:=1;
        uqa[s_]:=s^2;
```

Lösung:

```
In[7]:= dgeqa
Out[7]= x^2/y
```

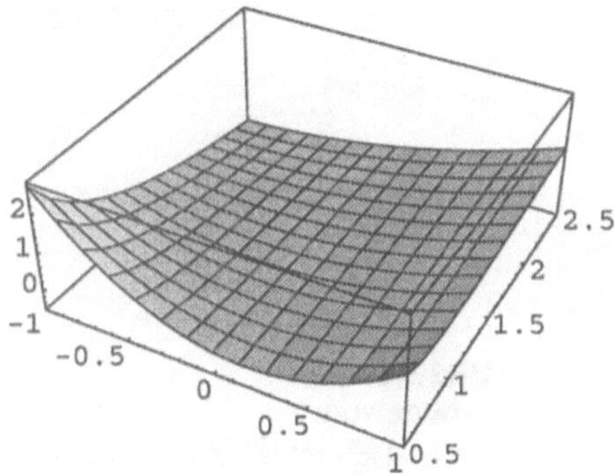

Bild 5.7
Lösung von
$x\frac{\partial u}{\partial x} + y\frac{\partial u}{\partial y} = x + u\,, u(s,1) = s^2$

Beispiel:

$$x\frac{\partial u}{\partial x} + y\frac{\partial u}{\partial y} = x + u\,, \quad u(s,1) = s^2\,.$$

Eingabe der Differentialgleichung und der Anfangsbedingung:

```
In[1]:= a[x_,y_,u_]:=x;
        b[x_,y_,u_]:=y;
        c[x_,y_,u_]:=x+u;
        xqa[s_]:=s;
        yqa[s_]:=1;
        uqa[s_]:=s^2;
```

Lösung:

```
In[7]:= dgeqa
Out[7]= y*(x^2/y^2 + (x*Log[y])/y)
```

Beispiel:

$$(x+3)\frac{\partial u}{\partial x} + y\frac{\partial u}{\partial y} = u + x\,, \quad u(s,1) = s^2\,.$$

Eingabe der Differentialgleichung und der Anfangsbedingung:

```
In[1]:= a[x_,y_,u_]:=x+3;
        b[x_,y_,u_]:=y;
        c[x_,y_,u_]:=u+x;
        xqa[s_]:=s;
        yqa[s_]:=1;
        uqa[s_]:=s^2;
```

Lösung:

```
In[7]:= dgeqa
Out[7]=
3 - 3*y + (-3 + 3/y + x/y)^2*y + 3*y*Log[y] +
(-3 + 3/y + x/y)*y*Log[y]
```

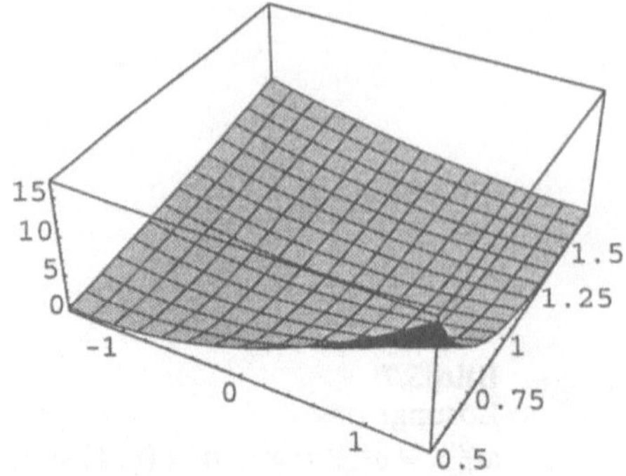

Bild 5.8
Losung von
$(x+3)\frac{\partial u}{\partial x} + y\frac{\partial u}{\partial y} = u\,, u(s,1) = s^2$

Wir wollen zum Schluß dieses Abschnitts noch einen Zugang zur quasilinearen Gleichung (5.1) schildern, der nicht von der Aufassung (5.6) Gebrauch macht.
Dazu betrachten wir zuerst die lineare, homogene Gleichung

$$a(x,y,z)\frac{\partial v}{\partial x} + b(x,y,z)\frac{\partial v}{\partial y} + c(x,y,z)\frac{\partial v}{\partial z} = 0 \tag{5.10}$$

in drei unabhängigen Variablen für die gesuchte Funktion v. Man kann sie völlig analog zur Gleichung (5.2) lösen.
Wır schreiben (5.10) in der Form

$$(a(x,y,z), b(x,y,z), c(x,y,z)) \cdot \nabla v(x,y,z) = 0$$

und geben durch

$$(s_1, s_2) \longrightarrow (\bar{x}(s_1,s_2), \bar{y}(s_1,s_2), \bar{z}(s_1,s_2))$$

eine stetig differenzierbare, im Definitionsgebiet von (5.10) verlaufende Anfangsfläche vor.
Die Tangentenvektoren dieser Fläche

$$\begin{pmatrix} \frac{\partial \bar{x}}{\partial s_1} \\ \frac{\partial \bar{y}}{\partial s_1} \\ \frac{\partial \bar{z}}{\partial s_1} \end{pmatrix}, \quad \begin{pmatrix} \frac{\partial \bar{x}}{\partial s_2} \\ \frac{\partial \bar{y}}{\partial s_2} \\ \frac{\partial \bar{z}}{\partial s_2} \end{pmatrix}$$

und das charakteristische Vektorfeld

$$\begin{pmatrix} a(x,y,z) \\ b(x,y,z) \\ c(x,y,z) \end{pmatrix}$$

seien linear unabhängig.

Dann gibt es (lokal) genau eine Lösung v von (5.10), die auf der Anfangsfläche eine vorgeschriebene, stetig differenzierbare Anfangsfunktion

$$v(\bar{x}(s_1, s_2), \bar{y}(s_1, s_2)), \bar{z}(s_1, s_2)) = \bar{v}(s_1, s_2)$$

annimmt.

Diese Lösung erhält man wie folgt:
Wir betrachten zunächst die charakteristischen Gleichungen

$$\begin{aligned} \dot{X} &= a(X, Y, Z)\,, \\ \dot{Y} &= b(X, Y, Z)\,, \\ \dot{Z} &= c(X, Y, Z)\,. \end{aligned}$$

Dann setzen wir die Anfangsfläche in die Charakteristiken ein und transformieren in die neuen Koordinaten

$$\begin{aligned} x &= X(\bar{x}(s_1, s_2), \bar{y}(s(s_1, s_2)), \bar{z}(s_1, s_2), \epsilon)\,, \\ y &= Y(\bar{x}(s_1, s_2), \bar{y}(s(s_1, s_2)), \bar{z}(s_1, s_2), \epsilon)\,, \\ z &= Z(\bar{x}(s_1, s_2), \bar{y}(s_1, s_2)), \bar{z}(s_1, s_2), \epsilon)\,. \end{aligned}$$

Die Lösung des Cauchy-Problems lautet nun

$$v(x, y, z) = \bar{v}(s_1(x, y, z), s_2(x, y, z))\,.$$

Wenn $v(x, y, z)$ irgend eine Lösung von (5.10) mit $\frac{\partial}{\partial z} v(x, y, z) \neq 0$ ist, so können wir die Gleichung $v(x, y, z) = c$ (lokal) auflosen und bekommen Funktionen $u(x, y)$ mit:

$$v(x, y, u(x, y)) = c\,.$$

Man überlegt sich weiter, daß dann die Auflösungen $u(x, y)$ die Gleichung (5.1) erfüllen. Der Gradient von v steht nämlich senkrecht auf Niveauflächen $(x, y, u(x, y))$, das heißt

$$\left(1, 0, \frac{\partial u}{\partial x}\right) \cdot \nabla v = 0$$

und

$$\left(0, 1, \frac{\partial u}{\partial y}\right) \cdot \nabla v = 0\,.$$

Da der Normalenvektor der Niveaufläche

$$\left(\frac{\partial u}{\partial x}, \frac{\partial u}{\partial y}, -1\right)$$

wiederum senkrecht auf den Tangentenvektoren steht, muß der Normalenvektor parallel zum Gradienten von v sein. Daraus folgt

$$a(x, y, u(x, y))\frac{\partial u}{\partial x} + b(x, y, u(x, y))\frac{\partial u}{\partial y} - c(x, y, u(x, y)) = 0$$

bzw. (5.1).

Die beiden Lösungsmethoden unterscheiden sich dadurch, daß die erste auf direktem Wege auf das Cauchy-Problem zugeht.
Wir verdeutlichen dies an folgendem **Beispiel**:

$$\frac{\partial u}{\partial x} + u\frac{\partial u}{\partial y} = 0\,, \quad u(0,s) = \bar{u}(s)\,.$$

Die charakteristischen Gleichungen lauten

$$\dot{X} = 1\,, \quad \dot{Y} = U\,, \quad \dot{U} = 0\,.$$

Als Charakteristiken ergeben sich

$$X = x + \epsilon\,, \quad Y = y + u\epsilon\,, \quad U = u\,.$$

Wir bestimmen neue Koordinaten aus

$$x = \epsilon\,, \quad y = s + \bar{u}(s)\epsilon$$

und erhalten

$$u(x,y) = \bar{u}(s(x,y))$$

als Lösung, wobei noch die Auflösung der Gleichung

$$y = s + \bar{u}(s)x$$

nach s zu leisten ist.

Die zweite Methode geht zunächst zur linearen Gleichung in drei unabhängigen Variablen

$$\frac{\partial v}{\partial x} + z\frac{\partial v}{\partial y} = 0$$

über.
Die charakteristischen Gleichungen lauten hier

$$\dot{X} = 1\,, \quad \dot{Y} = Z\,, \quad \dot{Z} = 0$$

und die Charakteristiken

$$X = x + \epsilon\,, \quad Y = y + z\epsilon\,, \quad Z = z\,.$$

Jetzt geben wir irgend eine (einfache) Anfangsfläche für das dreidimensionale Problem vor:

$$v(0, s_1, s_2) = \bar{v}(s_1, s_2)\,.$$

Auflösen der Gleichungen

$$X = \epsilon\,, \quad Y = s_1 + s_2\epsilon\,, \quad Z = s_2\,.$$

ergibt

$$s_1(x,y,z) = y - xz\,, \quad s_2(x,y,z) = z$$

und damit

$$v(x,y,z) = \bar{v}(y - xz, z)\,.$$

Jede Auflösung von

$$\bar{v}(y - xu, u) = c$$

liefert eine Lösung der Ausgangsgleichung.
Durch Einsetzen der Anfangsbedingungen erhalten wir folgende Bedingung:

$$\bar{v}(y, \bar{u}(y)) = c\,.$$

Da wir über die Funktion $\bar{v}$ frei verfügen können, versuchen wir es mit einer einfachen Form für die letzte Gleichung

$$y + \bar{v}(u) = c\,.$$

(Also $\bar{v}(s_1, s_2) = s_1 + \bar{v}(s_2)$).
Mit $\bar{v} = \bar{u}^{-1}$ bekommen wir dann $c = 0$ und

$$y - xu + \bar{u}^{-1}(u) = 0$$

als Bestimmungsgleichung für die gesuchte Lösung des Anfangswertproblems.

5.4 Praktische Durchführung der Lösungsschritte

Häufig ist es zweckmäßig, die beiden Schritte – Lösung der charakteristischen Gleichung und Aufsuchen der neuen Koordinaten durch Auflösung – zu kombinieren.
Zunächst die lineare Differentialgleichung. Sei

$$(\bar{x}(s), \bar{y}(s)) \quad \text{mit} \quad (\bar{x}(s_0), \bar{y}(s_0)) = (x_0, y_0)$$

eine Anfangskurve und

$$\bar{u}(s)$$

eine Anfangsfunktion.
Die Vektoren

$$\begin{pmatrix} \frac{\mathrm{d}}{\mathrm{d}s}\bar{x}(s) \\ \frac{\mathrm{d}}{\mathrm{d}s}\bar{y}(s) \end{pmatrix}_{s=s_0} \quad \text{und} \quad \begin{pmatrix} a(x_0, y_0) \\ b(x_0, y_0) \end{pmatrix}$$

seien linear unabhängig. Damit gilt

$$a(x_0, y_0) \neq 0 \quad \text{oder} \quad b(x_0, y_0) \neq 0\,,$$

und wir können mindestens eine der Gleichungen

$$x = X(\bar{x}, \bar{y}, \epsilon) \quad \text{oder} \quad y = Y(\bar{x}, \bar{y}, \epsilon)$$

in einer Umgebung von $\epsilon = 0$ eindeutig nach x oder y auflösen mit dem Ergebnis

$$\epsilon(\bar{x}, \bar{y}, x) \quad \text{oder} \quad \epsilon(\bar{x}, \bar{y}, y)\,,$$

($\epsilon(\bar{x}, \bar{y}, \bar{x}) = 0$, bzw. $\epsilon(\bar{x}, \bar{y}, \bar{y}) = 0$). Für

$$\tilde{Y}(\bar{x}, \bar{y}, x) = Y(\bar{x}, \bar{y}, \epsilon(\bar{x}, \bar{y}, x))$$

oder

$$\tilde{X}(\bar{x}, \bar{y}, y) = X(\bar{x}, \bar{y}, \epsilon(\bar{x}, \bar{y}, y))$$

ergibt sich dann die Differentialgleichung

$$\frac{\mathrm{d}\tilde{Y}}{\mathrm{d}x} = \frac{b(x, \tilde{Y})}{a(x, \tilde{Y})}, \quad \tilde{Y}(\bar{x}, \bar{y}, \bar{x}) = \bar{y}$$

oder

$$\frac{\mathrm{d}\tilde{X}}{\mathrm{d}y} = \frac{a(\tilde{X}, y)}{b(\tilde{X}, y)}, \quad \tilde{X}(\bar{x}, \bar{y}, \bar{y}) = \bar{x}\,.$$

Dies sieht man zum Beispiel im erstem Fall so ein: Wenn man die Auflösung $\epsilon(\bar{x}, \bar{y}, x)$ der Gleichung $x = X(\bar{x}, \bar{y}, \epsilon)$ erledigt hat, bekommt man durch Ableiten

$$\begin{aligned} \frac{\mathrm{d}}{\mathrm{d}x}\tilde{Y}(\bar{x}, \bar{y}, x) &= \left.\frac{\mathrm{d}Y}{\mathrm{d}\epsilon}\right|_{(\bar{x}, \bar{y}, \epsilon(\bar{x}, \bar{y}, x))} \frac{\mathrm{d}\epsilon(\bar{x}, \bar{y}, x))}{\mathrm{d}x} \\ &= \frac{b(X(\bar{x}, \bar{y}, \epsilon(\bar{x}, \bar{y}, x)), Y(\bar{x}, \bar{y}, \epsilon(\bar{x}, \bar{y}, x))}{a(X(\bar{x}, \bar{y}, \epsilon(\bar{x}, \bar{y}, x)), Y(\bar{x}, \bar{y}, \epsilon(\bar{x}, \bar{y}, x))}\,. \end{aligned}$$

Wenn die Lösung der Differentialgleichungen bestimmt ist, löst man

$$y = \tilde{Y}(\bar{x}(s), \bar{y}(s), x) \quad \text{oder} \quad x = \tilde{X}(\bar{x}(s), \bar{y}(s), y))$$

nach s auf mit dem Ergebnis $s(x, y)$, ($s(x_0, y_0) = s_0$), und die Lösung der Ausgangsgleichung mit

$$u(\bar{x}(s), \bar{y}(s)) = \bar{u}(s)$$

lautet

$$u(x, y) = \bar{u}(s(x, y))\,.$$

Zusammenfassend: Die Lösung eines Differentialgleichungssystems und die Auflösung eines Systems von zwei Gleichungen haben wir nun auf die Lösung einer Einzeldifferentialgleichung und die Auflösung einer einzelnen Gleichung reduziert.

Dieses Vorgehen laßt sich leicht auf die quasilineare Gleichung übertragen. Sei

$$(\bar{x}(s), \bar{y}(s)) \quad \text{mit} \quad (\bar{x}(s_0), \bar{y}(s_0)) = (x_0, y_0))$$

eine Anfangskurve und

$$\bar{u}(s) \quad \text{mit} \quad \bar{u}(s_0) = u_0$$

eine Anfangsfunktion.

Die Vektoren

$$\begin{pmatrix} \frac{\mathrm{d}}{\mathrm{d}s}\bar{x}(s) \\ \\ \frac{\mathrm{d}}{\mathrm{d}s}\bar{y}(s) \end{pmatrix}_{s=s_0} \quad \text{und} \quad \begin{pmatrix} a(x_0, y_0, u_0) \\ b(x_0, y_0, u_0) \end{pmatrix}$$

seien linear unabhängig.

Damit kann man zunächst mindestens eine der Gleichungen

$$x = X(\bar{x}, \bar{y}, \bar{u}, \epsilon) \quad \text{oder} \quad y = Y(\bar{x}, \bar{y}, \bar{u}, \epsilon)$$

in einer Umgebung von $\epsilon = 0$ eindeutig nach x oder y auflösen mit dem Ergebnis

$$\epsilon(\bar{x}, \bar{y}, \bar{u}, x) \quad \text{oder} \quad \epsilon(\bar{x}, \bar{y}, \bar{u}, y)\,.$$

Für

$$\tilde{Y}(\bar{x}, \bar{y}, \bar{u}, x) = Y(\bar{x}, \bar{y}, \bar{u}, \epsilon(\bar{x}, \bar{y}, x))$$

und

$$\tilde{U}(\bar{x}, \bar{y}, \bar{u}, x) = U(\bar{x}, \bar{y}, \bar{u}, \epsilon(\bar{x}, \bar{y}, x))$$

oder

$$\tilde{X}(\bar{x}, \bar{y}, \bar{u}, y) = X(\bar{x}, \bar{y}, \bar{u}, \epsilon(\bar{x}, \bar{y}, y))$$

und

$$\tilde{U}(\bar{x}, \bar{y}, \bar{u}, y) = U(\bar{x}, \bar{y}, \bar{u}, \epsilon(\bar{x}, \bar{y}, y))$$

ergibt sich dann das Differentialgleichungssystem

$$\frac{\mathrm{d}\tilde{Y}}{\mathrm{d}x} = \frac{b(x, \tilde{Y}, \tilde{U})}{a(x, \tilde{Y}, \tilde{U})}, \quad \frac{\mathrm{d}\tilde{U}}{\mathrm{d}x} = \frac{c(x, \tilde{Y}, \tilde{U})}{a(x, \tilde{Y}, \tilde{U})},$$

mit

$$\tilde{Y}(\bar{x}, \bar{y}, \bar{u}, \bar{x}) = \bar{y}\,, \quad \tilde{U}(\bar{x}, \bar{y}, \bar{u}, \bar{x}) = \bar{u}$$

oder

$$\frac{\mathrm{d}\tilde{X}}{\mathrm{d}y} = \frac{a(\tilde{X}, y, \tilde{U})}{b(\tilde{X}, y, \tilde{U})}, \quad \frac{\mathrm{d}\tilde{U}}{\mathrm{d}y} = \frac{c(\tilde{X}, y, \tilde{U})}{b(\tilde{X}, y, \tilde{U})},$$

mit

$$\tilde{X}(\bar{x}, \bar{y}, \bar{u}, \bar{y}) = \bar{x}\,, \quad \tilde{U}(\bar{x}, \bar{y}, \bar{u}, \bar{y}) = \bar{u}\,.$$

Wenn die Lösung bestimmt ist, löst man

$$y = Y(\bar{x}(s), \bar{y}(s), \bar{u}(s), x) \quad \text{oder} \quad x = X(\bar{x}(s), \bar{y}(s), \bar{u}(s), y)$$

nach s auf mit dem Ergebnis $s(x, y)$, $(s(x_0, y_0) = s_0)$, und die Lösung der Ausgangsgleichung mit

$$u(\bar{x}(s), \bar{y}(s)) = \bar{u}(s)$$

lautet

$$u(x,y) = \tilde{U}(\bar{x}(s(x,y)), \bar{y}(s(x,y)), \bar{u}(s(x,y)), x)$$

bzw.

$$u(x,y) = \tilde{U}(\bar{x}(s(x,y)), \bar{y}(s(x,y))\,.$$

Lösungen mit *Mathematica*

Algorithmus:
zur Lösung des Anfangswertproblems
der linearen, homogenen partiellen Differentialgleichung erster Ordnung

$$a(x,y)\frac{\partial u}{\partial x} + b(x,y)\frac{\partial u}{\partial y} = 0\,.$$

1. Suche die Lösung

$$Y(\bar{x}, \bar{y}, x) \quad \text{bzw.} \quad X(\bar{x}, \bar{y}, y)$$

der Differentialgleichung

$$\frac{\mathrm{d}Y}{\mathrm{d}x} = \frac{b(x,Y)}{a(x,Y)} \quad \text{bzw.} \quad \frac{\mathrm{d}X}{\mathrm{d}y} = \frac{a(X,y)}{b(X,y)}$$

mit

$$Y(\bar{x}, \bar{y}, \bar{x}) = \bar{y} \quad \text{bzw.} \quad X(\bar{x}, \bar{y}, \bar{y}) = \bar{x}\,.$$

2. Löse die Gleichung

$$Y(\bar{x}(s), \bar{y}(s), x) = y \quad \text{bzw.} \quad X(\bar{x}(s), \bar{y}(s), y) = x$$

nach s auf.

3. Stelle die Lösung in der Gestalt

$$u(x,y) = \bar{u}(s(x,y))$$

dar.

Mathematica Programm:

```
dgeay:=Block[{l,gy,c,sv},
          g[x_,y_]:=b[x,y]/a[x,y];
          l=DSolve[{yf'[x]==g[x,yf[x]],
                   yf[xqa[s]]==yqa[s]},
                   yf[x],x][[1]];
          gy=yf[x]/.l;
          c=Solve[gy==y,s][[1]];
          sv=s/.c;
          uqa[sv]
         ]

dgeax:=Block[{l,gx,c,sv},
          g[x_,y_]:=a[x,y]/b[x,y];
          l=DSolve[{xf'[y]==g[xf[y],y],
                   xf[yqa[s]]==xqa[s]},
                   xf[y],y][[1]];
          gx=xf[y]/.l;
          c=Solve[gx==x,s][[1]];
          sv=s/.c;
          uqa[sv]
         ]
```

Beim obigen Programm wurden die Befehle `DSolve` zur Lösung von gewöhnlichen Differentialgleichungen und `Solve` zur Auflösung von Gleichungen verwendet. Es kann passieren, daß die eingegebene Differentialgleichung von `DSolve` nicht gelöst werden kann oder auch, daß die Auflösung der Gleichung zur Ermittlung der Funktion $s(x,y)$ nicht möglich ist. Man erhält dann eine entsprechende Meldung. Außerdem muß man bedenken, daß mit dem Aufruf von `Solve` die Forderung
$s(x_0,y_0) = s_0$ noch nicht berücksichtigt ist. Weiter ist darauf zu achten, daß die Anfangskurve keine charakteristische Kurve ist, weil dann aus theoretischen Gründen nicht aufgelöst werden kann.

Beispiel:

$$x\frac{\partial u}{\partial x} + y\frac{\partial u}{\partial y} = 0\,, \quad u(s,1) = s^3\,.$$

```
In[1]:= a[x_,y_]:=x;
        b[x_,y_]:=y;
        xqa[s_]:=s;
        yqa[s_]:=1;
        uqa[s_]:=s^3;
In[6]:= dgeay
Out[6]= x^3/y^3
```

Beispiel:

$$e^x\frac{\partial u}{\partial x} + y^2\frac{\partial u}{\partial y} = 0\,, \quad u(0,s) = s\,.$$

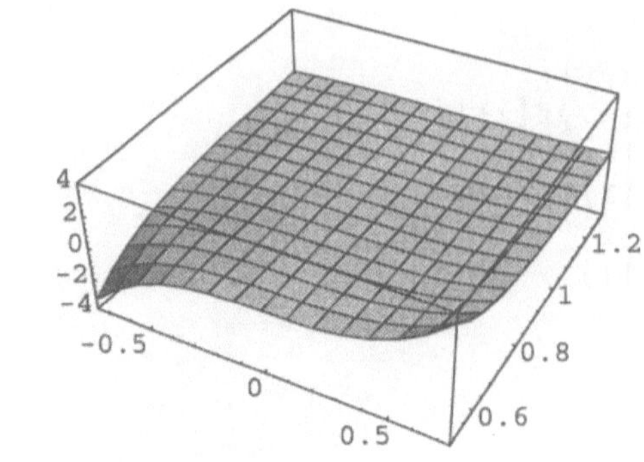

Bild 5.9
Losung von
$x\frac{\partial u}{\partial x} + y\frac{\partial u}{\partial y} = 0\,, u(s,1) = s^3$

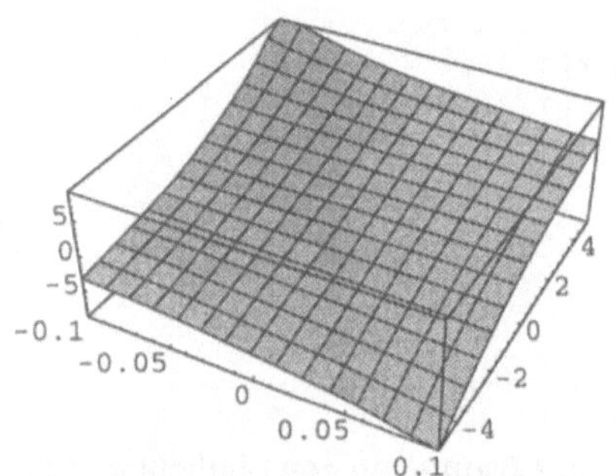

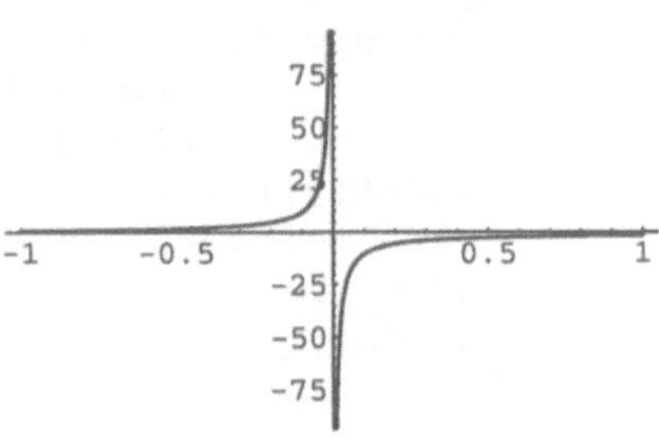

Bild 5.10 Lösung von $e^x\frac{\partial u}{\partial x} + y^2\frac{\partial u}{\partial y} = 0\,, u(0,s) = s$ (links), Kurve ihrer Polstellen (rechts)

```
In[1]:= a[x_,y_]:=Exp[x]
        b[x_,y_]:=y^2;
        xqa[s_]:=0;
        yqa[s_]:=s;
        uqa[s_]:=s;
In[6]:= dgeay
Out[6]=
- ((E^x*y)/(-E^x + y - E^x*y))
```

(Das Programm `dgeax` liefert erwartungsgemäß dieselben Ergebnisse).

Es kommt oft vor, daß man einfach nur irgendeine Lösung der Differentialgleichung haben möchte. Wenn man als Anfangskurven

$$(\bar{x}_0, \bar{y}) \quad \text{bzw.} \quad (\bar{x}, \bar{y}_0)$$

und als Anfangsfunktion

$$\bar{u}(\bar{y}) = \bar{y} \quad \text{bzw.} \quad \bar{u}(\bar{x}) = \bar{x}$$

wählt, nimmt der **Algorithmus** folgende Gestalt an:

1. Suche die Lösung
$$Y(\bar{x}_0, \bar{y}, x) \quad \text{bzw.} \quad X(\bar{x}, \bar{y}_0, y)$$
der Differentialgleichung
$$\frac{\mathrm{d}Y}{\mathrm{d}x} = \frac{b(x, Y)}{a(x, Y)} \quad \text{bzw.} \quad \frac{\mathrm{d}X}{\mathrm{d}y} = \frac{a(X, y)}{b(X, y)}$$
mit
$$Y(\bar{x}_0, \bar{y}, \bar{x}_0) = \bar{y} \quad \text{bzw.} \quad X(\bar{x}, \bar{y}_0, \bar{y}_0) = \bar{x}\,.$$
2. Löse die Gleichung
$$Y(\bar{x}_0, \bar{y}, x) = y \quad \text{bzw.} \quad X(\bar{x}, \bar{y}_0, y) = x$$
nach $\bar{y}$ bzw. nach $\bar{x}$ auf:
$$u(x, y) = Y(x, y, \bar{x}_0) \quad \text{bzw.} \quad u(x, y) = X(x, y, \bar{y}_0)$$
stellen dann Lösungen dar.

Mit einer solchen Lösung $u(x, y)$ kann man weitere Lösungen (oder auch die Lösung eines Cauchy-Problems) erzeugen, indem man in eine beliebige differenzierbare Funktion $\bar{u}(s)$ einsetzt und $\bar{u}(u(x, y))$ bildet.

Mathematica Programm:

```
dgey:=Block[{l,gy,c,u},
          g[x_,y_]:=b[x,y]/a[x,y];
          l=DSolve[{yf'[xq0]==g[xq0,yf[xq0]],
                    yf[x]==y},
                    yf[xq0],xq0][[1]];
          u=yf[xq0]/.l
          ]

dgex:=Block[{l,gx,c,u},
          g[x_,y_]:=a[x,y]/b[x,y];
          l=DSolve[{xf'[yq0]==g[xf[yq0],yq0],
                    xf[y]==x},
                    xf[yq0],yq0][[1]];
          u=xf[yq0]/.l
          ]
```

Beispiel:
$$x\frac{\partial u}{\partial x} + y\frac{\partial u}{\partial y} = 0\,.$$

```
In[1]:= a[x_,y_]:=x;
        b[x_,y_]:=y;
In[3]:= dgey
Out[3]:= (xq0*y)/x

In[4]:= dgex
Out[4]= (x*yq0)/y
```

Beispiel:

$$e^x \frac{\partial u}{\partial x} + y^2 \frac{\partial u}{\partial y} = 0\,.$$

```
In[1]:= a[x_,y_]:=Exp[x];
        b[x_,y_]:=y^2;
In[3]:= dgey
Out[3]= E^xq0/(1 + (E^(-x + xq0)*(E^x - y))/y)

In[4]:= dgex
Out[4]= Log[yq0/(1 - ((E^x - y)*yq0)/(E^x*y))]
```

(Die Programme `dgex` und `dgey` liefern verschiedene Ergebnisse).
Zum Vergleich lösen wir die Gleichung mit `DSolve`:

```
In[5]:= <<Calculus'PDSolve1'
In[6]:= DSolve[Exp[x] D[u[x,y],x]+y^2 D[u[x,y],y]==0,u[x,y],{x,y}]
Out[6]= {{u[x, y] -> C[1][E^(-x) - y^(-1)]}}
```

Offenbar hat *Mathematica* aus der allgemeinen Lösung

$$Y = \frac{1}{e^x + c}$$

von

$$Y' = \frac{Y^2}{e^x}$$

durch Auflösen nach c ein erstes Integral der charakteristischen Gleichung und damit der vorgelegten partiellen Differentialgleichung gefunden und gibt dann eine beliebige Funktion des ersten Integrals aus.

Algorithmus:
zur Lösung des Anfangswertproblems
der quasilinearen partiellen Differentialgleichung erster Ordnung

$$a(x,y,u)\frac{\partial u}{\partial x} + b(x,y,u)\frac{\partial u}{\partial y} = c(x,y,u)\,.$$

1. Suche die Lösung

$$(Y(\bar{x},\bar{y},\bar{u},x), U(\bar{x},\bar{y},\bar{u},x)) \quad \text{bzw.} \quad (X(\bar{x},\bar{y},\bar{u},y), U(\bar{x},\bar{y},\bar{u},y))$$

der Differentialgleichung

$$\frac{\mathrm{d}Y}{\mathrm{d}x} = \frac{b(x,Y,U)}{a(x,Y,U)}, \quad \frac{\mathrm{d}U}{\mathrm{d}x} = \frac{c(x,Y,U)}{a(x,Y,U)}$$

bzw.

$$\frac{\mathrm{d}X}{\mathrm{d}y} = \frac{a(X,y,U)}{b(X,y,U)}, \quad \frac{\mathrm{d}U}{\mathrm{d}y} = \frac{c(X,y,U)}{b(X,y,U)}$$

mit

$$(Y(\bar{x},\bar{y},\bar{u},\bar{x}),U(\bar{x},\bar{y},\bar{u},\bar{x})) = (\bar{y},\bar{u})$$

bzw.

$$(X(\bar{x},\bar{y},\bar{u},\bar{y}),U(\bar{x},\bar{y},\bar{u},\bar{y})) = (\bar{x},\bar{u}).$$

2. Löse die Gleichung

$$Y(\bar{x}(s),\bar{y}(s),\bar{u}(s),x) = y \quad \text{bzw.} \quad X(\bar{x}(s),\bar{y}(s),\bar{u}(s),y) = x$$

nach s auf.

3. Stelle die Lósung in der Gestalt

$$u(x,y) = U(\bar{x}(s(x,y)),\bar{y}(s(x,y)),\bar{u}(s(x,y)),x)$$

bzw.

$$u(x,y) = U(\bar{x}(s(x,y)),\bar{y}(s(x,y)),\bar{u}(s(x,y)),y)$$

dar.

Dieser Algorithmus soll nun wiederum in ein Programm umgesetzt werden. Die Programmblöcke dgeay und dgeax fur das Cauchy-Problem der linearen Gleichung müssen nur leicht modifiziert werden.

Mathematica Programm:

```
dgeay:=Block[{l,gy,d,sv,hy},
            g[x_,y_,u_]:=b[x,y,u]/a[x,y,u];
            h[x_,y_,u_]:=c[x,y,u]/a[x,y,u];
            l=DSolve[{yf'[x]==g[x,yf[x],uf[x]],
                      uf'[x]==h[x,yf[x],uf[x]],
                      yf[xq]==yq,
                      uf[xq]==uq},
                      {yf[x],uf[x]},x]
                      [[1]];
           gy=yf[x]/.l/.xq->xqa[s]/.yq->yqa[s]/.uq->uqa[s];
           d=Solve[gy==y,s][[1]];
           sv=s/.d;
           hy=uf[x]/.l;
           hy/.l/.xq->xqa[sv]/.yq->yqa[sv]/.uq->uqa[sv]
          ]
```

```
dgeax:=Block[{l,gx,d,sv,hx},
          g[x_,y_,u_]:=a[x,y,u]/b[x,y,u];
          h[x_,y_,u_]:=c[x,y,u]/b[x,y,u];
          l=DSolve[{xf'[y]==g[xf[y],y,uf[y]],
                    uf'[y]==h[xf[y],y,uf[y]],
                    xf[yq]==xq,
                    uf[yq]==uq},
                    {xf[y],uf[y]},y]
                    [[1]];
         gx=xf[y]/.l/.xq->xqa[s]/.yq->yqa[s]/.uq->uqa[s];
         d=Solve[gx==x,s][[1]];
         sv=s/.d;
         hx=uf[y]/.l;
         hx/.l/.xq->xqa[sv]/.yq->yqa[sv]/.uq->uqa[sv]
         ]
```

Da wir uns im wesentlichen mit linearen Systemen gewöhnlicher Differentialgleichungen beschäftigt haben, und auch `DSolve` manchmal etwas Mühe mit nichtlinearen Systemen hat, wollen wir uns im folgenden auf die Gleichungen vom Typ

$$\frac{\partial u}{\partial x} + (b(x) + \alpha y + \beta u)\frac{\partial u}{\partial y} = c(x) + \gamma y + \delta u$$

und

$$(a(y) + \alpha x + \beta u)\frac{\partial u}{\partial x} + \frac{\partial u}{\partial y} = c(y) + \gamma x + \delta u$$

einschränken.

Beispiel:

$$\frac{\partial u}{\partial x} + (2x + y)\frac{\partial u}{\partial y} = 3y + u\,, \quad u(0,s) = s\,.$$

```
In[1]:= a[x_,y_,u_]:=1;
        b[x_,y_,u_]:=2 x+y;
        c[x_,y_,u_]:=3 y+u;
        xqa[s_]:=0;
        yqa[s_]:=s;
        uqa[s_]:=s;
In[7]:= dgeay
Out[7]=
14 - 14*E^x + 8*x + 6*E^x*x - 3*x*(-2 + 2*E^x - 2*x - y) + y
```

Beispiel:

$$2y\frac{\partial u}{\partial x} + \frac{\partial u}{\partial y} = x + y + u\,, \quad u(0,s) = s\,.$$

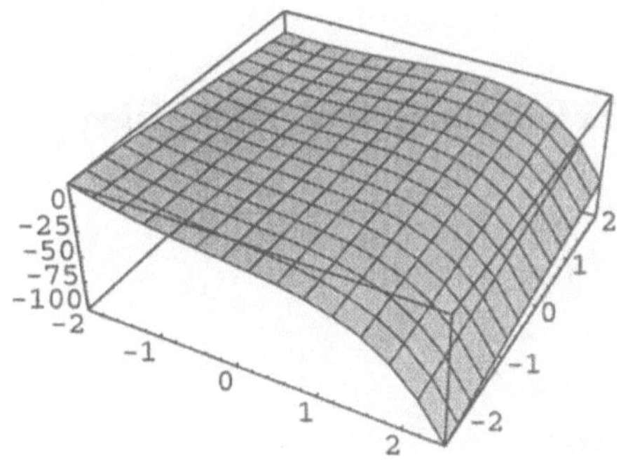

Bild 5.11
Losung von
$\frac{\partial u}{\partial x} + (2x + y)\frac{\partial u}{\partial y} = 3y + u\,, u(0, s) = s$

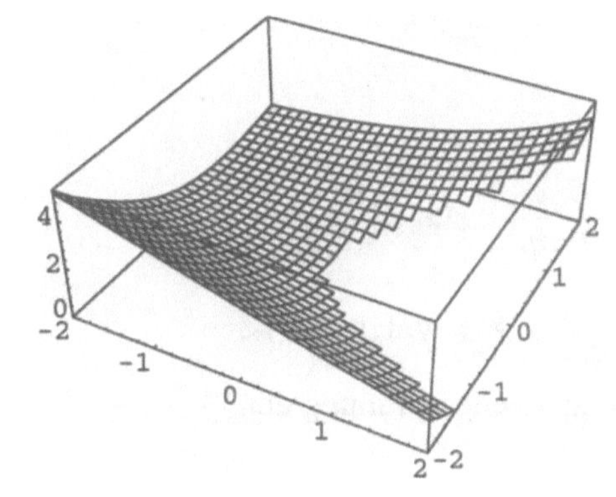

Bild 5.12
Lösung von
$2y\frac{\partial u}{\partial x} + \frac{\partial u}{\partial y} = x + y + u\,, u(0, s) = s.$
(Die Losung existiert nur für $y^2 \geq x$).

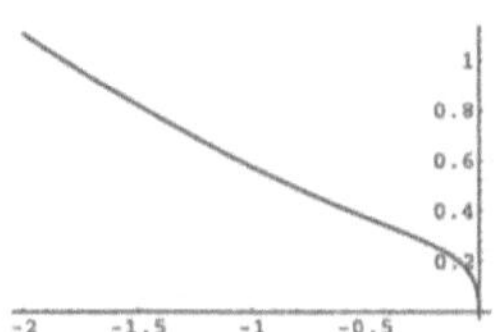

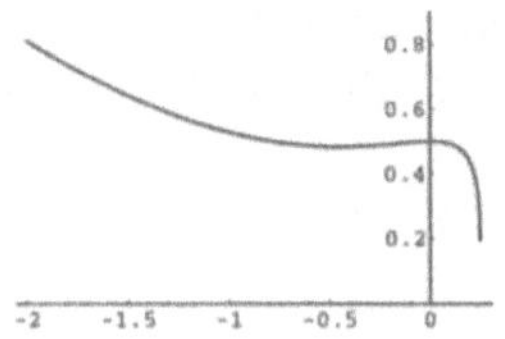

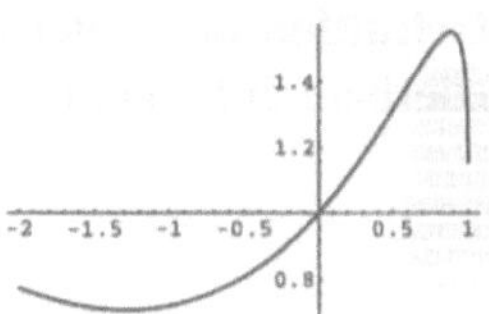

Bild 5.13 Losung von $2y\frac{\partial u}{\partial x} + \frac{\partial u}{\partial y} = x + y + u\,, u(0, s) = s$ auf den Geraden $y = 0$ (links), $y = 1/2$ (Mitte), $y = 1$ (rechts)

```
In[1]:= a[x_,y_,u_]:=2 y;
        b[x_,y_,u_]:=1;
        c[x_,y_,u_]:=x+y+u;
        xqa[s_]:=0;
        yqa[s_]:=s;
        uqa[s_]:=s;
In[7]:= dgeax
Out[7]=
-3 - x - 3*y +
E^(y - (-x + y^2)^(1/2))*(3 + 4*(-x + y^2)^(1/2))
```

6 Lineare Partielle Differentialgleichungen zweiter Ordnung

6.1 Typeinteilung

Definition 6.1 Sei $D \subset \mathbb{R}^2$ ein Gebiet und seien

$$a, b, c, d, e, f, g : D \longrightarrow \mathbb{R}$$

stetig differenzierbare Funktionen.
Die Gleichung

$$\begin{aligned} a(x,y)\frac{\partial^2 u}{\partial x^2} + 2b(x,y)\frac{\partial^2 u}{\partial x \partial y} + c(x,y)\frac{\partial^2 u}{\partial y^2} \\ = d(x,y)\frac{\partial u}{\partial x} + e(x,y)\frac{\partial u}{\partial y} + f(x,y)u + g(x,y) \end{aligned} \tag{6.1}$$

stellt eine lineare partielle Differentialgleichung zweiter Ordnung dar.

Definition 6.2 Unter einer Lösung von (6.1) verstehen wir eine zweimal stetig differenzierbare auf einem Teilgebiet $D_0 \subseteq D$ erklärte Funktion

$$u : D_0 \longrightarrow \mathbb{R}$$

mit

$$\begin{aligned} a(x,y)\frac{\partial^2}{\partial x^2}u(x,y) + 2b(x,y)\frac{\partial^2}{\partial x \partial y}u(x,y) + c(x,y)\frac{\partial^2}{\partial y^2}u(x,y) \\ = d(x,y)\frac{\partial}{\partial x}u(x,y) + e(x,y)\frac{\partial}{\partial y}u(x,y) + f(x,y)u(x,y) + g(x,y) \,. \end{aligned}$$

Wieder beginnen wir mit der Überlegung, welche Anfangsvorgaben sinnvoll sein könnten, und orientieren uns dabei an der gewöhnlichen linearen Differentialgleichung zweiter Ordnung:

$$y'' + a_1(x)y' + a_0(x)y = r(x) \,.$$

Unter der Voraussetzung der Analytizität der Funktionen
$a_1(x), a_0(x), r(x)$ legen die Anfangsbedingungen

$$y(x_0) = y_0 \,, \quad y'(x_0) = y_1$$

die Lösungen eindeutig in Form einer gleichmäßig konvergenten Potenzreihe fest.

Wir fragen uns nun, ob unter der Voraussetzung der Analytizität aller Daten die Lösungen der partiellen Differentialgleichung (6.1) ebenfalls durch eine die Lösungsfunktion und eine ihre ersten Ableitungen betreffende Vorgabe in Form einer Potenzreihe eindeutig festgelegt werden.

Betrachten wir zunächst eine Anfangskurve

$$(\bar{x}(s), \bar{y}(s))$$

und eine Anfangsfunktion

$$\bar{u}(s)$$

und fordern, daß die Lösung $u(x, y)$ die Bedingung

$$u(\bar{x}(s), \bar{y}(s)) = \bar{u}(s)$$

erfüllt. Die Vorschrift der Anfangsfunktion zieht bereits (wie bei der Gleichung erster Ordnung (5.1)) für die ersten Ableitungen auf der Anfangskurve

$$\bar{p}(s) = \frac{\partial u}{\partial x}|_{(\bar{x}(s),\bar{y}(s))} \quad \text{und} \quad \bar{q}(s) = \frac{\partial u}{\partial y}|_{(\bar{x}(s),\bar{y}(s))}$$

eine Bedingung nach sich, nämlich

$$\frac{\mathrm{d}\bar{u}(s)}{\mathrm{d}s} = \bar{p}(s)\frac{\mathrm{d}\bar{x}(s)}{\mathrm{d}s} + \bar{q}(s)\frac{\mathrm{d}\bar{y}(s)}{\mathrm{d}s}\,.$$

Das heißt, wir können nicht beide ersten Ableitungen auf der Anfangskurve vorschreiben, sondern nur eine die ersten Ableitungen betreffende Vorgabe machen, zum Beispiel die Normalableitung

$$\frac{1}{\sqrt{\left(\frac{\mathrm{d}\bar{x}(s)}{\mathrm{d}s}\right)^2 + \left(\frac{\mathrm{d}\bar{y}(s)}{\mathrm{d}s}\right)^2}}(\bar{p}(s), \bar{q}(s)) \begin{pmatrix} -\frac{\mathrm{d}\bar{y}(s)}{\mathrm{d}s} \\ \frac{\mathrm{d}\bar{x}(s)}{\mathrm{d}s} \end{pmatrix} = \bar{n}(s)\,.$$

Nun interessiert uns die Frage: Können die zweiten Ableitungen in den Kurvenpunkten berechnet werden? Durch Differenzieren erhalten wir die beiden linearen Gleichungen

$$\frac{\partial^2 u}{\partial x^2}|_{(\bar{x}(s),\bar{y}(s))}\frac{\mathrm{d}\bar{x}(s)}{\mathrm{d}s} + \frac{\partial^2 u}{\partial x \partial y}|_{(\bar{x}(s),\bar{y}(s))}\frac{\mathrm{d}\bar{y}(s)}{\mathrm{d}s} = \frac{\mathrm{d}\bar{p}}{\mathrm{d}s}\,,$$

$$\frac{\partial^2 u}{\partial x \partial y}|_{(\bar{x}(s),\bar{y}(s))}\frac{\mathrm{d}\bar{x}(s)}{\mathrm{d}s} + \frac{\partial^2 u}{\partial y^2}|_{(\bar{x}(s),\bar{y}(s))}\frac{\mathrm{d}\bar{y}}{\mathrm{d}s} = \frac{\mathrm{d}\bar{q}(s)}{\mathrm{d}s}\,,$$

welche zusammen mit der partiellen Differentialgleichung genommen in den Punkten $(x, y) = (\bar{x}(s), \bar{y}(s))$ ein lineares System zur Berechnung der zweiten partiellen Ableitungen liefert.

Das heißt, die zweiten Ableitungen in einem Kurvenpunkt liegen fest, wenn die Matrix des linearen Gleichungssystems nichtsıngular ist

$$\begin{vmatrix} \frac{d\bar{x}(s)}{ds} & \frac{d\bar{y}(s)}{ds} & 0 \\ 0 & \frac{d\bar{x}(s)}{ds} & \frac{d\bar{y}(s)}{ds} \\ a(\bar{x}(s),\bar{y}(s)) & 2b(\bar{x}(s),\bar{y}(s)) & c(\bar{x}(s),\bar{y}(s)) \end{vmatrix} \neq 0 .$$

Mit ähnlichen Überlegungen wie im Fall der Differentialgleichung erster Ordnung kann man nun zeigen, daß alle höheren partiellen Ableitungen in den Kurvenpunkten festliegen, und das Cauchy-Kowalewski-Theorem gibt auch in diesem Fall Auskunft über die Entwickelbarkeit der Lösung in eine Potenzreihe.

Verschwindet die Determinante des Systems jedoch, so ergibt sich die charakteristische Gleichung für die Anfangskurve

$$a(\bar{x},\bar{y})\left(\frac{d\bar{y}}{ds}\right)^2 - 2b(\bar{x},\bar{y})\frac{d\bar{x}}{ds}\frac{d\bar{y}}{ds} + c(\bar{x},\bar{y})\left(\frac{d\bar{x}}{ds}\right)^2 = 0 \qquad (6.2)$$

bzw. im Fall $a(\bar{x},\bar{y}) \neq 0$

$$\frac{\frac{d\bar{y}}{ds}}{\frac{d\bar{x}}{ds}} = \frac{b(\bar{x},\bar{y}) \pm \sqrt{b(\bar{x},\bar{y})^2 - a(\bar{x},\bar{y})c(\bar{x},\bar{y})}}{a(\bar{x},\bar{y})} .$$

Wir bezeichnen Lösungen der charakteristischen Gleichung wieder als Charakteristiken.

Wir wollen in einem kurzen Einschub die anschauliche Bedeutung der Diskriminante $b^2 - ac$ im Fall konstanter Koeffizienten a, b, c diskutieren. Mit der Differentialgleichung assoziieren wir die symmetrische quadratische Form

$$(x,y)\begin{pmatrix} a & b \\ b & c \end{pmatrix}\begin{pmatrix} x \\ y \end{pmatrix} = ax^2 + 2bxy + cy^2 = k .$$

Die Matrix der quadratischen Form besitzt zwei reelle Eigenwerte

$$\lambda_{1,2} = \frac{a+c}{2} \pm \sqrt{\frac{(a+c)^2}{4} + b^2 - ac}$$

und es tritt einer der folgenden Fälle ein:

1. Elliptischer Fall:
$$b^2 - ac < 0 \quad \Longrightarrow \lambda_1 > 0 , \lambda_2 > 0 ,$$

2. Parabolischer Fall:
$$b^2 - ac = 0 \quad \Longrightarrow \lambda_1 > 0 , \lambda_2 = 0 ,$$

3. Hyperbolischer Fall:
$$b^2 - ac > 0 \quad \Longrightarrow \lambda_1 > 0 , \lambda_2 < 0 .$$

Im elliptischen Fall beschreibt die quadratische Form nämlich eine Ellipse, im parabolischen eine Parabel und im hyperbolischen eine Hyperbel.

Zurück zur Differentialgleichung:
Entsprechend der obigen Bezeichnung bei quadratischen Formen bezeichnen wir eine lineare partielle Differentialgleichung als

1. elliptisch, falls:
$$b(x,y)^2 - a(x,y)c(x,y) < 0\,,$$

2. parabolisch, falls:
$$b(x,y)^2 - a(x,y)c(x,y) = 0\,,$$

3. hyperbolisch, falls:
$$b(x,y)^2 - a(x,y)c(x,y) > 0\,.$$

Wir wollen uns nun überlegen, daß die lineare partielle Differentialgleichung unter einer Koordinatentransformation ihren Typ beibehält, das heißt, die Diskriminante

$$b(x,y)^2 - a(x,y)c(x,y)$$

behält ihr Vorzeichen bei.

Wir führen auf D neue Koordinaten $(\tilde{x},\tilde{y}) \in \tilde{D}$

$$\tilde{x} = \phi(x,y)\,, \quad \tilde{y} = \psi(x,y)$$

ein und erklären die Funktion $\tilde{u}(\tilde{x},\tilde{y})$ durch

$$u(x,y) = \tilde{u}(\phi(x,y),\psi(x,y))\,.$$

Dann gilt:

Satz 6.1 *Die Differentialgleichung (6.1) geht durch die Koordinatentransformation über in die auf $\tilde{D}$ erklärte Gleichung*

$$\begin{aligned}\tilde{a}(\tilde{x},\tilde{y})\frac{\partial^2\tilde{u}}{\partial\tilde{x}^2} + 2\tilde{b}(\tilde{x},\tilde{y})\frac{\partial^2\tilde{u}}{\partial\tilde{x}\partial\tilde{y}} + \tilde{c}(\tilde{x},\tilde{y})\frac{\partial^2\tilde{u}}{\partial\tilde{y}^2}\\ = \tilde{d}(\tilde{x},\tilde{y})\frac{\partial\tilde{u}}{\partial\tilde{x}} + \tilde{e}(\tilde{x},\tilde{y})\frac{\partial\tilde{u}}{\partial y} + \tilde{f}(\tilde{x},\tilde{y})\tilde{u} + \tilde{g}(\tilde{x},\tilde{y})\end{aligned}$$

mit

$$\begin{aligned}\tilde{a}(\phi(x,y),\psi(x,y)) &= a(x,y)\left(\frac{\partial}{\partial x}\phi(x,y)\right)^2\\ &\quad +2b(x,y)\frac{\partial}{\partial x}\phi(x,y)\frac{\partial}{\partial y}\phi(x,y)\\ &\quad +c(x,y)\left(\frac{\partial}{\partial y}\phi(x,y)\right)^2,\end{aligned}$$

$$\begin{aligned}\tilde{b}(\phi(x,y),\psi(x,y)) &= a(x,y)\frac{\partial}{\partial x}\phi(x,y)\frac{\partial}{\partial x}\psi(x,y)\\ &+b(x,y)\left(\frac{\partial}{\partial x}\phi(x,y)\frac{\partial}{\partial y}\psi(x,y)+\right.\\ &\left.\frac{\partial}{\partial y}\phi(x,y)\frac{\partial}{\partial x}\psi(x,y)\right)\\ &+c(x,y)\frac{\partial}{\partial y}\phi(x,y)\frac{\partial}{\partial y}\psi(x,y)\,,\end{aligned}$$

$$\begin{aligned}\tilde{c}(\phi(x,y),\psi(x,y)) &= a(x,y)\left(\frac{\partial}{\partial x}\psi(x,y)\right)^2\\ &+2b(x,y)\frac{\partial}{\partial x}\psi(x,y)\frac{\partial}{\partial y}\psi(x,y)\\ &+c(x,y)\left(\frac{\partial}{\partial y}\psi(x,y)\right)^2\,.\end{aligned}$$

Die neue Differentialgleichung ist vom selben Typ, denn

$$\tilde{b}(\phi(x,y),\psi(x,y))^2-\tilde{a}(\phi(x,y),\psi(x,y))\tilde{c}(\phi(x,y),\psi(x,y))$$

$$=(b(x,y)^2-a(x,y)c(x,y))\begin{vmatrix}\frac{\partial}{\partial x}\phi(x,y) & \frac{\partial}{\partial y}\phi(x,y)\\ \frac{\partial}{\partial x}\psi(x,y) & \frac{\partial}{\partial y}\psi(x,y)\end{vmatrix}^2.$$

Beweis: Aufgrund der Linearität von (6.1) bestätigt man die Gestalt der neuen Differentialgleichung sofort durch Anwendung der Kettenregel. Außerdem sieht man unmittelbar $f(x,y)=\tilde{f}(\phi(x,y),\psi(x,y))$ und $g(x,y)=\tilde{g}(\phi(x,y),\psi(x,y))$ ein.
Die anderen Koeffizienten und die neue Diskrıminante ermittelt man am besten mit *Mathematica*, da die erforderlichen Rechnungen zwar direkt aber aufwendig sind.
Daß die Koeffizienten a,b,c,d,e,f,g der Gleichung (6.1) von x und y abhängen, spielt bei den folgenden Rechnungen keine Rolle, und wir wollen der Übersichtlichkeit halber darauf verzichten, diese Abhängigkeit explizit anzugeben.
Wir führen die neuen Koordınaten ein und setzen
$u(x,y)=\tilde{u}(\phi(x,y),\psi(x,y))$ in die linke und rechte Seite der Gleichung (6.1) ein:

```
In[1]:= u[x,y]=us[phi[x,y],psi[x,y]];
        dgll=a D[u[x,y],{x,2}]+2 b D[u[x,y],x,y]
             +c D[u[x,y],{y,2}];
        dglr=d D[u[x,y],x]+e D[u[x,y],y]+f u[x,y]+g;
```

Nun ermitteln wir die Koeffizenten der Ableitungen von $\tilde{u}(\tilde{x},\tilde{y})$ genommen in den Punkten $(\phi(x,y),\psi(x,y))$. Dabei werden die Koeffizienten $\tilde{a},\tilde{b},\tilde{c}$ offenbar nur von der linken Seite bestimmt.

```
In[4]:=
as=Coefficient[Expand[dgl1],
   Derivative[2,0][us][phi[x,y],psi[x,y]]]
Out[4]=
c*Derivative[0,1][phi][x,y]^2
+2*b*Derivative[0,1][phi][x,y]*Derivative[1,0][phi][x,y]
+a*Derivative[1,0][phi][x,y]^2

In[5]:=
bs=(1/2) Coefficient[Expand[dgl1],
         Derivative[1,1][us][phi[x,y],psi[x,y]]]
Out[5]=
c*Derivative[0,1][phi][x,y]*Derivative[0,1][psi][x,y]
+b*Derivative[0,1][psi][x,y]*Derivative[1,0][phi][x,y]
+b*Derivative[0,1][phi][x,y]*Derivative[1,0][psi][x,y]
+a*Derivative[1,0][phi][x,y]*Derivative[1,0][psi][x,y]

In[6]:=
cs=Coefficient[Expand[dgl1],
               Derivative[0,2][us][phi[x,y],psi[x,y]]]
Out[6]=
c*Derivative[0,1][psi][x,y]^2
+2*b*Derivative[0,1][psi][x,y]*Derivative[1,0][psi][x,y]
+a*Derivative[1,0][psi][x,y]^2

In[7]:=
ds=Coefficient[Expand[dglr-dgl1],
               Derivative[1,0][us][phi[x,y],psi[x,y]]]
Out[7]=
e*Derivative[0,1][phi][x,y]
-c*Derivative[0,2][phi][x,y]
+d*Derivative[1,0][phi][x,y]
-2*b*Derivative[1,1][phi][x,y]
-a*Derivative[2,0][phi][x,y]

In[8]:=
es=Coefficient[Expand[dglr-dgl1],
               Derivative[0,1][us][phi[x,y],psi[x,y]]]
Out[8]=
e*Derivative[0,1][psi][x,y]
-c*Derivative[0,2][psi][x,y]
+d*Derivative[1,0][psi][x,y]
-2*b*Derivative[1,1][psi][x,y]
-a*Derivative[2,0][psi][x,y]
```

Schließlich berechnen wir die Diskriminante und faktorisieren sie:

```
In[9]:= dis=bs^2-as cs;
        Factor[dis]
```

```
Out[9]=
(b^2 - a*c)*
(-(Derivative[0,1][psi][x,y]*Derivative[1,0][phi][x,y])
+ Derivative[0,1][phi][x,y]*Derivative[1,0][psi][x,y])^2
```

(Hierbei bedeutet `Derivative[j,k][f][x,y]`, daß die Funktion f j-mal nach der Variablen x und k-mal nach der Variablen y partiell abgeleitet wird). □

Die Gestalt der Faktoren $\tilde{a}$, $\tilde{b}$ und $\tilde{c}$ zeigt, daß man durch Koordinatentransformation mit Charakteristiken besonders einfache Formen der linken Seite der Differentialgleichung, sogenannte Normalformen erhalten kann. Dazu faktorisieren wir zuerst bei $a \neq 0$ die quadratische Form wie folgt:

$$ax^2 + 2bxy + cy^2 = a\left(x + \frac{b - \sqrt{b^2 - ac}}{a}y\right)\left(x + \frac{b + \sqrt{b^2 - ac}}{a}y\right).$$

Mit der quadratischen Form haben wir auch die charakteristische Gleichung (6.2) faktorisiert, und wir können nun in den unterschiedlichen Fällen transformieren:

1) Die hyperbolische Gleichung: $b(x,y)^2 - a(x,y)c(x,y) > 0$.
Löse die Differentialgleichungen

$$\frac{\partial \phi}{\partial x} + \frac{b(x,y) - \sqrt{b(x,y)^2 - a(x,y)c(x,y)}}{a(x,y)}\frac{\partial \phi}{\partial y} = 0$$

und

$$\frac{\partial \psi}{\partial x} + \frac{b(x,y) + \sqrt{b(x,y)^2 - a(x,y)c(x,y)}}{a(x,y)}\frac{\partial \psi}{\partial y} = 0$$

mit $\frac{\partial \phi}{\partial y} \neq 0$ und $\frac{\partial \psi}{\partial y} \neq 0$.
Entsprechend der Faktorisierung von (6.2) wird

$$\begin{aligned}
\tilde{a}(\phi(x,y),\psi(x,y)) &= 0\\
\tilde{c}(\phi(x,y),\psi(x,y)) &= 0\\
\tilde{b}(\phi(x,y),\psi(x,y)) &= \frac{\partial}{\partial y}\phi(x,y)\frac{\partial}{\partial y}\psi(x,y)\\
&\quad \frac{2}{a(x,y)}(a(x,y)c(x,y) - b(x,y)^2)
\end{aligned}$$

und die Koordinatentransformation

$$\tilde{x} = \phi(x,y), \quad \tilde{y} = \psi(x,y)$$

überführt die linke Seite in die Normalform

$$\frac{\partial^2 \tilde{u}}{\partial \tilde{x} \partial \tilde{y}}.$$

Wir können noch durch eine weitere Koordinatentransformation

$$\tilde{\tilde{x}} = \tilde{x} + \tilde{y}\,, \quad \tilde{\tilde{y}} = \tilde{x} - \tilde{y}$$

die Normalform

$$\frac{\partial^2 \tilde{\tilde{u}}}{\partial \tilde{\tilde{x}}^2} - \frac{\partial^2 \tilde{\tilde{u}}}{\partial \tilde{\tilde{y}}^2}$$

erreichen.

2) Die parabolische Gleichung: $b(x,y)^2 - a(x,y)c(x,y) = 0$.
Löse die Differentialgleichung

$$\frac{\partial \psi}{\partial x} + \frac{b(x,y)}{a(x,y)} \frac{\partial \psi}{\partial y} = 0$$

mit $\frac{\partial \psi}{\partial y} \neq 0$.
Setze $\phi(x,y) = x$.
Damit wird

$$\begin{aligned} \tilde{a}(\phi(x,y), \psi(x,y)) &= a(x,y) \\ \tilde{b}(\phi(x,y), \psi(x,y)) &= 0 \\ \tilde{c}(\phi(x,y), \psi(x,y)) &= 0 \end{aligned}$$

und die Koordinatentransformation

$$\tilde{x} = \phi(x,y)\,, \quad \tilde{y} = \psi(x,y)$$

überführt die linke Seite in die Normalform

$$\frac{\partial^2 \tilde{u}}{\partial \tilde{x} \partial \tilde{x}}\,.$$

3) Die elliptische Gleichung: $b(x,y)^2 - a(x,y)c(x,y) < 0$.
Hier ist es zweckmäßig, vorauszusetzen, daß die Funktionen a, b und c analytisch sind, und ins Komplexe zu gehen. (Andernfalls muß man den etwas beschwerlichen Weg über ein System von Differentialgleichungen erster Ordnung gehen). Die Differentialgleichung

$$\frac{\partial \rho}{\partial z} + \frac{b(z,w) - \imath\sqrt{a(z,w)c(z,w) - b(z,w)^2}}{a(z,w)} \frac{\partial \rho}{\partial w} = 0$$

kann im Komplexen wie im Reellen gelöst werden.
Wir setzen

$$\rho(z,w) = \phi(\mathrm{Re}(z), \mathrm{Im}(z), \mathrm{Re}(w), \mathrm{Im}(w)) + \imath\psi(\mathrm{Re}(z), \mathrm{Im}(z), \mathrm{Re}(w), \mathrm{Im}(w))$$

und schränken anschließend z und w wieder auf reelle Teilintervalle ein. Dann gilt:

$$\frac{\partial \phi}{\partial x} + \frac{b(x,y)}{a(x,y)} \frac{\partial \phi}{\partial y} + \frac{\sqrt{a(x,y)c(x,y) - b(x,y)^2}}{a(x,y)} \frac{\partial \psi}{\partial y} = 0$$

und

$$\frac{\partial\psi}{\partial x} + \frac{b(x,y)}{a(x,y)}\frac{\partial\psi}{\partial y} - \frac{\sqrt{a(x,y)c(x,y) - b(x,y)^2}}{a(x,y)}\frac{\partial\phi}{\partial y} = 0\,.$$

Damit wird

$$\begin{aligned}
\tilde{a}(\phi(x,y),\psi(x,y)) &= \tilde{c}(\phi(x,y),\psi(x,y)) \\
&= \frac{1}{a(x,y)}\left(a(x,y)c(x,y) - b(x,y)^2\right) \\
&\quad \left(\left(\frac{\partial\phi}{\partial y}\right)^2 + \left(\frac{\partial\psi}{\partial y}\right)^2\right) \\
\tilde{b}(\phi(x,y),\psi(x,y)) &= 0\,.
\end{aligned}$$

Wenn wir $\frac{\partial\phi}{\partial y} \neq 0$ oder $\frac{\partial\psi}{\partial y} \neq 0$ verlangen, dann geht der Vektor

$$\begin{pmatrix} \frac{\partial\phi}{\partial x} \\ \frac{\partial\psi}{\partial x} \end{pmatrix}$$

durch eine Drehstreckung (der Drehwinkel ist von 0 und π verschieden) aus dem nichttrivialen Vektor

$$\begin{pmatrix} \frac{\partial\phi}{\partial y} \\ \frac{\partial\psi}{\partial y} \end{pmatrix}$$

hervor, und beide Vektoren sind linear unabhängig.
Die Abbildung

$$\tilde{x} = \phi(x,y)\,, \quad \tilde{y} = \psi(x,y)$$

liefert also eine Koordinatentransformation, und diese überführt die linke Seite in die Normalform

$$\frac{\partial^2\tilde{u}}{\partial\tilde{x}^2} + \frac{\partial^2\tilde{u}}{\partial\tilde{y}^2}\,.$$

Durch Koordinatentransformation kann die lineare Differentialgleichung somit auf folgende Normalformen gebracht werden:

1. elliptischer Fall:
$$\frac{\partial^2 u}{\partial x^2} + \frac{\partial^2 u}{\partial y^2} = r\left(x,y,u,\frac{\partial u}{\partial x},\frac{\partial u}{\partial y}\right)\,,$$

2. parabolischer Fall:
$$\frac{\partial^2 u}{\partial x^2} = r\left(x,y,u,\frac{\partial u}{\partial x},\frac{\partial u}{\partial y}\right)\,,$$

3. hyperbolischer Fall:
$$\frac{\partial^2 u}{\partial x\partial y} = r\left(x,y,u,\frac{\partial u}{\partial x},\frac{\partial u}{\partial y}\right)\,,$$

   bzw.
$$\frac{\partial^2 u}{\partial x^2} - \frac{\partial^2 u}{\partial y^2} = r\left(x,y,u,\frac{\partial u}{\partial x},\frac{\partial u}{\partial y}\right)\,,$$

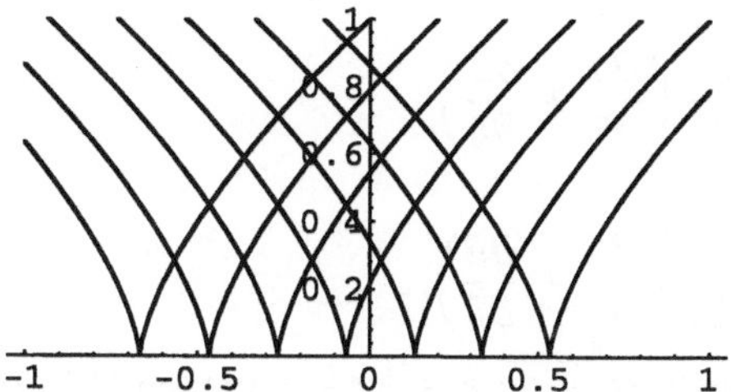

Bild 6.1
Koordinatenlinien der Transformation
$\phi(x,y) = 3/2x + y^{3/2}$,
$\psi(x,y) = -3/2x + y^{3/2}$

wobei $r\left(x, y, u, \frac{\partial u}{\partial x}, \frac{\partial u}{\partial y}\right)$ eine lineare Funktion in u, $\frac{\partial u}{\partial x}$ und $\frac{\partial u}{\partial y}$ ist.
Beispiel:
Die Tricomi-Gleichung

$$y\frac{\partial^2 u}{\partial x^2} - \frac{\partial^2 u}{\partial y^2} = 0$$

ist wegen

$$b(x,y)^2 - a(x,y)c(x,y) = y$$

für $y > 0$ hyperbolisch und für $y < 0$ elliptisch.
Wir wollen die Tricomi-Gleichung in beiden Fällen auf Normalform transformieren.
1) $y > 0$: Wir bestimmen die Koordinatentransformation aus

$$\frac{\partial \phi}{\partial x} - \frac{1}{\sqrt{y}}\frac{\partial \phi}{\partial y} = 0 \quad \text{und} \quad \frac{\partial \psi}{\partial x} + \frac{1}{\sqrt{y}}\frac{\partial \psi}{\partial y} = 0\,.$$

Die charakteristischen Gleichungen lauten:

$$\frac{\mathrm{d}Y}{\mathrm{d}x} = -\frac{1}{\sqrt{Y}} \quad \text{und} \quad \frac{\mathrm{d}Y}{\mathrm{d}x} = \frac{1}{\sqrt{Y}}$$

mit den Lösungen:

$$Y^{\frac{3}{2}} = -\frac{3}{2}x + \bar{y}^{\frac{3}{2}} \quad \text{und} \quad Y^{\frac{3}{2}} = +\frac{3}{2}x + \bar{y}^{\frac{3}{2}}\,,$$

so daß wir

$$\phi(x,y) = \frac{3}{2}x + y^{\frac{3}{2}} \quad \text{und} \quad \psi(x,y) = -\frac{3}{2}x + y^{\frac{3}{2}}$$

wählen können.
Die Normalform ergibt sich mit *Mathematica*:

```
In[1]:=
phi[x,y]=3 x/2 + y Sqrt[y];
psi[x,y]=-3 x/2+ y Sqrt[y];
u=us[phi[x,y],psi[x,y]];
Expand[y D[u,{x,2}]- D[u,{y,2}]]
Out[4]=
(-3*Derivative[0,1][us][(3*x)/2+y^(3/2),(-3*x)/2+y^(3/2)])/
   (4*y^(1/2))-(3*Derivative[1,0][us][(3*x)/2+y^(3/2),
      (-3*x)/2+y^(3/2)])/(4*y^(1/2))-
  9*y*Derivative[1,1][us][(3*x)/2+y^(3/2),(-3*x)/2+y^(3/2)]
```

Also:

$$9y\frac{\partial^2\tilde{u}}{\partial\tilde{x}\partial\tilde{y}} = -\frac{3}{4\sqrt{y}}\left(\frac{\partial\tilde{u}}{\partial\tilde{x}} + \frac{\partial\tilde{u}}{\partial\tilde{y}}\right)$$

bzw.

$$\frac{\partial^2\tilde{u}}{\partial\tilde{x}\partial\tilde{y}} = -\frac{1}{6(\tilde{x}+\tilde{y})}\left(\frac{\partial\tilde{u}}{\partial\tilde{x}} + \frac{\partial\tilde{u}}{\partial\tilde{y}}\right).$$

2) $y < 0$: Wir bestimmen die Koordinatentransformation aus der komplexen Differentialgleichung

$$\frac{\partial\rho}{\partial z} - \frac{1}{\sqrt{w}}\frac{\partial\phi}{\partial w} = 0\,.$$

Eine Lösung lautet (wie vorhin im Reellen):

$$\rho(z,w) = \frac{3}{2}z + w^{\frac{3}{2}}\,.$$

Indem wir zum Realteil und Imaginärteil ubergehen und auf reelle Argumente $x = \mathrm{Re}(z)$ und $y = \mathrm{Re}(w)$ einschränken, bekommen wir

$$\phi(x,y) = \frac{3}{2}x \quad \text{und} \quad \psi(x,y) = y\sqrt{-y}\,.$$

Die Normalform ergibt sich mit *Mathematica*:

```
In[1]:=
phi[x,y]=3 x/2;
psi[x,y]=y Sqrt[-y];
u=us[phi[x,y],psi[x,y]];
Expand[y D[u,{x,2}]- D[u,{y,2}]]
Out[4]=
(-3*(-y)^(1/2)*Derivative[0,1][us][(3*x)/2,(-y)^(1/2)*y])/(4*y)
 +(9*y*Derivative[0,2][us][(3*x)/2,(-y)^(1/2)*y])/4+
  (9*y*Derivative[2,0][us][(3*x)/2,(-y)^(1/2)*y])/4
```

Also:

$$\frac{9y}{4}\frac{\partial^2\tilde{u}}{\partial\tilde{x}^2} + \frac{9y}{4}\frac{\partial^2\tilde{u}}{\partial\tilde{y}^2} = \frac{3\sqrt{-y}}{4y}\frac{\partial\tilde{u}}{\partial\tilde{y}},$$

bzw.

$$\frac{\partial^2\tilde{u}}{\partial\tilde{x}^2} + \frac{\partial^2\tilde{u}}{\partial\tilde{y}^2} = -\frac{1}{3\tilde{y}}\frac{\partial\tilde{u}}{\partial\tilde{y}}\,.$$

Beispiel:
Die Gleichung

$$\frac{\partial^2 u}{\partial x^2} + 2y\frac{\partial^2 u}{\partial x\partial y} + y^2\frac{\partial^2 u}{\partial y^2} = 0$$

ist parabolisch.
Zur Bestimmung einer Koordinatentransformation betrachten wir

$$\frac{\partial\psi}{\partial x} + y\frac{\partial\psi}{\partial y} = 0\,.$$

Die charakteristischen Gleichungen lauten:

$$\frac{\mathrm{d}Y}{\mathrm{d}x} = Y$$

und besitzen die Lösungen:

$$Y = \bar{y}e^{x}\,,$$

so daß wir

$$\phi(x,y) = x \quad \text{und} \quad \psi(x,y) = ye^{-x}$$

als Koordinatentransformation wählen können.
Die Normalform ergibt sich mit *Mathematica*:

```
In[1]:=
phi[x,y]=x;
psi[x,y]=y Exp[-x];
u=us[phi[x,y],psi[x,y]];
Expand[D[u,{x,2}]+2 y D[u,x,y]+y^2 D[u,{y,2}]]
Out[4]=
-((y*Derivative[0, 1][us][x, y/E^x])/E^x)
+ Derivative[2, 0][us][x, y/E^x]
```

Also:

$$\frac{\partial^2\tilde{u}}{\partial\tilde{x}^2} = ye^{-x}\frac{\partial\tilde{u}}{\partial\tilde{y}}$$

bzw.

$$\frac{\partial^2\tilde{u}}{\partial\tilde{x}^2} = \bar{y}\frac{\partial\tilde{u}}{\partial\bar{y}}\,.$$

6.2 Die d'Alembertsche Lösungsmethode für die Wellengleichung

Die eindimensionale Wellengleichung

$$\frac{\partial^2 u}{\partial t^2} = c^2\frac{\partial^2 u}{\partial x^2}\,, \quad c \in \mathbb{R}, \quad c > 0 \tag{6.3}$$

dient zur Modellierung vieler Schwingungs- und Wellenausbreitungsvorgänge. (Die Variable x steht für eine räumliche Dimension und t für die Zeit).
Wir schreiben die Gleichung zunächst etwas um in die Form

$$\frac{\partial^2 u}{\partial x^2} - \frac{1}{c^2}\frac{\partial^2 u}{\partial t^2} = 0$$

und bestimmen ihren Typ:

$$b(x,t)^2 - a(x,t)c(x,t) = \frac{1}{c^2} > 0\,.$$

Das heißt, die Gleichung ist vom hyperbolischen Typ.

Kurven, die

$$\left(\frac{\mathrm{d}\bar{t}}{\mathrm{d}s}\right)^2 - \frac{1}{c^2}\left(\frac{\mathrm{d}\bar{x}}{\mathrm{d}s}\right)^2 = 0$$

erfüllen, sind charakteristische Kurven, auf denen keine Anfangsvorschrift gemacht werden darf.

Wir wählen die nicht charakteristische Anfangskurve $x \longrightarrow (x,0)$ und verlangen

$$u(x,0) = \bar{u}(x)\,, \qquad \frac{\partial u}{\partial t}|_{(x,0)} = \bar{q}(x)$$

mit einer zweimal stetig differenzierbaren Fuktion $\bar{u}(x)$ und einer stetig differenzierbaren Funktion $\bar{q}(x)$.

Als nächstes bringen wir die Gleichung auf Normalform.
Dazu bestimmt man jeweils eine Lösung der Differentialgleichungen

$$\frac{\partial \phi}{\partial x} - \frac{1}{c}\frac{\partial \phi}{\partial t} = 0$$

und

$$\frac{\partial \psi}{\partial x} + \frac{1}{c}\frac{\partial \psi}{\partial t} = 0\,.$$

Wähle

$$\phi(x,t) = x + ct\,, \qquad \psi(x,t) = x - ct$$

und fuhre neue Koordinaten

$$\tilde{x} = \phi(x,t)\,, \qquad \tilde{t} = \psi(x,t)$$

und die Funktion $\tilde{u}(\tilde{x},\tilde{t})$ durch

$$u(x,t) = \tilde{u}(\phi(x,t), \psi(x,t))$$

ein. Die sich für $\tilde{u}$ ergebende Gleichung (Normalform) lautet

$$\frac{\partial^2 \tilde{u}}{\partial \tilde{x} \partial \tilde{t}} = 0\,.$$

Zur Übung prüfen wir dies mit *Mathematica.*
Wenn man

```
In[1]:=
phi[x_,t_]=x+c t;
psi[x_,t_]=x-c t;
u=us[phi[x,t],psi[x,t]];
Expand[D[u,{x,2}]-(1/c^2) D[u,{t,2}]]
```

eingibt, bekommt man

```
Out[4] = 4*Derivative[1,1][us][x + c*t,x - c*t]
```

In der Normalform kann die Wellengleichung nur Lösungen folgender Gestalt haben:

$$\tilde{u}(\tilde{x},\tilde{t}) = h(\tilde{x}) + k(\tilde{t}),$$

mit beliebigen zweimal stetig differenzierbaren Funktionen h und k. Damit erhalten wir auch die allgemeine Lösung der Wellengleichung

$$u(x,t) = h(x+ct) + k(x-ct).$$

Anpassen der Lösung an die Anfangsbedingungen ergibt zunächst

$$\begin{aligned} u(x,0) &= h(x) + k(x) = \bar{u}(x), \\ \frac{\partial u}{\partial t}|_{(x,0)} &= c(h'(x) - k'(x)) = \bar{q}(x). \end{aligned}$$

Hieraus erhalten wir das System

$$\begin{aligned} h'(x) + k'(x) &= \bar{u}'(x), \\ h'(x) - k'(x) &= \frac{1}{c}\bar{q}(x), \end{aligned}$$

mit der Lösung

$$h'(x) = \frac{1}{2}\left(\bar{u}'(x) + \frac{1}{c}\bar{q}(x)\right), \quad k'(x) = \frac{1}{2}\left(\bar{u}'(x) - \frac{1}{c}\bar{q}(x)\right).$$

Durch Integration folgt

$$\begin{aligned} h(x) &= \frac{1}{2}\left(\bar{u}(x) + \frac{1}{c}\int_0^x \bar{q}(\xi)\,\mathrm{d}\xi\right) + h_0, \\ k(x) &= \frac{1}{2}\left(\bar{u}(x) - \frac{1}{c}\int_0^x \bar{q}(\xi)\,\mathrm{d}\xi\right) + k_0, \end{aligned}$$

mit Integrationskonstanten h_0 und k_0, für deren Summe $h_0 + k_0 = 0$ gelten muß, weil einerseits

$$\bar{u}(x) = h(x) + k(x) - (h_0 + k_0)$$

und andererseits

$$\bar{u}(x) = h(x) + k(x)$$

ist. Insgesamt erhalten wir nun die d'Alembertsche Losung für das Anfangswertproblem der Wellengleichung

$$u(x,t) = \frac{1}{2}(\bar{u}(x+ct) + \bar{u}(x-ct)) + \frac{1}{2c}\int_{x-ct}^{x+ct} \bar{q}(\xi)\,\mathrm{d}\xi, \tag{6.4}$$

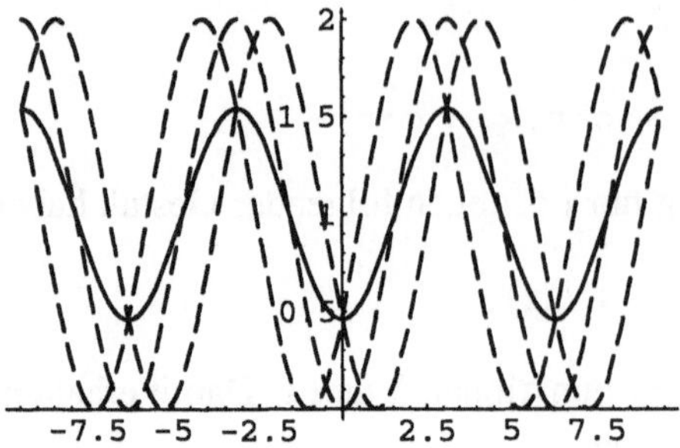

Bild 6.2
Rechts-und linksläufige Welle und d'Alembertsche Losung

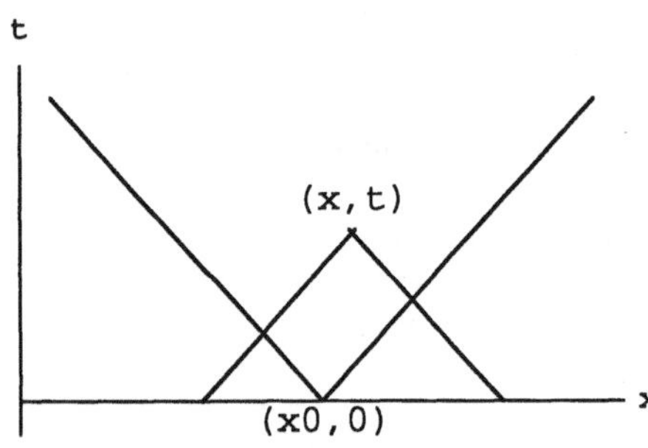

Bild 6.3
Der Punkt (x, t) im Einflußgebiet des Puntes $(x_0, 0)$

die sich aus einer rechtsläufigen Welle und einer lınksläufigen Welle zusammensetzt. Wir veranschaulichen uns dies an einem **Beispiel**:

$$\bar{u}(x) = 1 - \cos(x)\,, \quad \bar{q}(x) = 0\,, \quad c = 1\,,$$

wo sich die Lösung aus der rechtsläufigen Welle $\bar{u}(x - t)$ und der linksläufigen Welle $\bar{u}(x + t)$ zusammensetzt:

$$u(x,t) = \frac{1}{2}(1 - \cos(x+t) + 1 - \cos(x-t))\;.$$

Zur weiteren Veranschaulichung der Lösung (im allgemeinen Fall) führen wir noch das Abhängigkeits- und das Einflußgebiet eın.

Sei (x_0, t_0) $(t_0 > 0)$ ein Punkt in der Ebene. Wir fragen uns, von welchen Werten der Anfangsfunktionen $\bar{u}(x)$ und $\bar{q}(x)$ der Wert der Lösungsfunktion $u(x_0, y_0)$ abhängt. Offenbar sind dies die Funktıonswerte auf dem Intervall $(x_0 - ct_0, x_0 + ct_0)$. Das Intervall $(x_0 - ct_0, x_0 + ct_0)$ heißt deshalb Abhängigkeitsgebiet.

Gegeben sei nun ein Punkt auf der Anfangskurve $(x_0, 0)$. Wir fragen uns, in welchen Punkten (x, t) $(t > 0)$ der Ebene die Anfangswerte $\bar{u}(x_0)$ und $\bar{q}(x_0)$ den Wert der Lösung $u(x, t)$ beeinflußen können. Offenbar sind dies gerade diejenigen Punkte (x, t), in deren Abhängigkeitsgebiet x_0 liegt.

Wir betrachten nun dıe eindimensionale Wellengleichung (6.3) in einem Streifen $\{(x,t)|\; 0 \le x \le l\,, \quad t \ge 0\}$ und fordern, daß zusatzlich zu den Anfangsbedingungen

$$u(x,0) = \bar{u}(x)\,, \quad \frac{\partial u}{\partial t}|_{(x,0)} = \bar{q}(x)\,, \quad 0 \le x \le l$$

die Randbedingungen

$$u(0,t) = u(l,t) = 0\,, \quad t \geq 0$$

erfüllt werden. Man nennt dies ein Anfangsrandwertproblem.
Ein physikalisches Modell für dieses Problem stellt die schwingende Saite dar.

Wir wollen dieses Problem mit der Methode von d'Alembert lösen.
Indem wir vereinbaren:

$$\bar{u}(x) = -\bar{u}(-x)\,, \quad \bar{q}(x) = -\bar{q}(-x)\,, \quad -l \leq x < 0$$

und

$$\bar{u}(x+2l) = \bar{u}(x)\,, \quad \bar{q}(x+2l) = \bar{q}(x)\,, \quad x \in \mathbb{R}$$

können die Funktionen $\bar{u}$ und $\bar{q}$ ungerade auf ganz $\mathbb{R}$ fortgesetzt werden. Da aus den Randbedingungen

$$\bar{u}(0) = \bar{u}(l) = 0\,, \quad \bar{q}(0) = \bar{q}(l) = 0\,,$$

und aus der Differentialgleichung

$$\frac{\mathrm{d}^2}{\mathrm{d}x^2}\bar{u}(0) = \frac{\mathrm{d}^2}{\mathrm{d}x^2}\bar{u}(l) = 0$$

folgt, bekommen wir durch die ungerade Fortsetzung eine zweimal stetig differenzierbare, $2l$-periodische Funktion $\bar{u}$ und eine stetig differenzierbare, $2l$-periodische Funktion $\bar{u}$ auf ganz $\mathbb{R}$. Wir sind dann in der Lage, die d'Alembertsche Methode anzuwenden und erhalten die Lösung des Anfangswertproblems in der Form (6.4). Aufgrund der ungeraden Fortsetzung kann man sich leicht davon uberzeugen, daß auch die Randbedingungen erfüllt werden.

Für Lösungen des Anfangsrandwertproblems der Wellengleichung auf dem Streifen $\{(x,t)|\, 0 \leq x \leq l\,, \quad t \geq 0\}$ gilt der folgende Energieerhaltungssatz:

$$\frac{\mathrm{d}}{\mathrm{d}t}\left(\frac{1}{2}\int_0^l \left(c^2\left(\frac{\partial}{\partial x}u(x,t)\right)^2 + \left(\frac{\partial}{\partial t}u(x,t)\right)^2\right)\mathrm{d}x\right) = 0\,.$$

Zum Nachweis differenziert man unter dem Integral nach der Zeit und benützt die Gleichung mit den Randbedingungen

$$\begin{aligned}
&\frac{\mathrm{d}}{\mathrm{d}t}\left(\frac{1}{2}\int_0^l \left(c^2\left(\frac{\partial}{\partial x}u(x,t)\right)^2 + \left(\frac{\partial}{\partial t}u(x,t)\right)^2\right)\mathrm{d}x\right) \\
&= \int_0^l \left(c^2\frac{\partial}{\partial x}u(x,t)\frac{\partial^2}{\partial x\partial t}u(x,t) + \frac{\partial}{\partial t}u(x,t)\frac{\partial^2}{\partial t^2}u(x,t)\right)\mathrm{d}x \\
&= \int_0^l \left(c^2\frac{\partial}{\partial x}u(x,t)\frac{\partial^2}{\partial x\partial t}u(x,t) + c^2\frac{\partial}{\partial t}u(x,t)\frac{\partial^2}{\partial x^2}u(x,t)\right)\mathrm{d}x
\end{aligned}$$

$$
\begin{aligned}
&= c^2 \int_0^l \frac{\partial}{\partial x}\left(\frac{\partial}{\partial x}u(x,t)\frac{\partial}{\partial t}u(x,t)\right)\,\mathrm{d}x \\
&= \left(\frac{\partial}{\partial x}u(x,t)\frac{\partial}{\partial t}u(x,t)\right)_{x=l} - \left(\frac{\partial}{\partial x}u(x,t)\frac{\partial}{\partial t}u(x,t)\right)_{x=0} \\
&= 0\,.
\end{aligned}
$$

Mit Hilfe des Energieerhaltungssatzes kann man sich auch leicht von der Eindeutigkeit der Lösung des Anfangsrandwertproblems überzeugen. Mit zwei Lösungen u_1 und u_2 ergäbe die Differenz $u_1 - u_2$ eine Losung zu identisch verschwindenden Anfangsfunktionen. Damit wäre die Energie der Lösung $u_1 - u_2$ für alle Zeiten gleich Null und damit auch $u_1 - u_2 = 0$.

6.3 Die Separationsmethode

Wir wollen an Hand einiger typischer Beispiele die sogenannte Separationsmethode zur Lösung von Anfangsrandwertproblemen und Randwertproblemen kennenlernen. Bei dieser Methode entwickelt man die Anfangsdaten in eine Fourierreihe und versucht dann, durch einen Separations-oder Produktansatz zunächst eine Lösung für jeden Summanden der Zerlegung zu finden. Anschließend werden diese Lösungen aufsummiert.

6.3.1 Fourierreihen

Es soll kurz geschildert werden, wie man eine $2l$-periodische Funktion f (bzw. eine auf einem Intervall $[-l, l]$ erklärte Funktion) in eine Fourierreihe entwickelt.

Definition 6.3 Die Funktion

$$f : [-l, l] \longrightarrow \mathbb{R}$$

sei stetig bis auf endlich viele Sprungstellen.
Dann heißt f stückweise stetig.
Die Funktion

$$f : [-l, l] \longrightarrow \mathbb{R}$$

sei stückweise stetig.
Die Ableitung $f'(x)$ existiere bis auf endlich viele Ausnahmestellen $x \in [-l, l]$ und f' bilde eine stückweise stetige Funktion.
Dann heißt f stückweise glatt.

Der folgende Satz befaßt sich mit der punktweisen Konvergenz der Fourierreihe. Wir übernehmen ihn aus [4], S 41.

Satz 6.2 *Sei f eine $2l$-periodische Funktion und*

$$f : [-l, l] \longrightarrow \mathbb{R}$$

stückweise glatt.
Dann konvergiert die zu f gehörige Fourierreihe

$$s_f(x) = \frac{a_0}{2} + \sum_{n=1}^{\infty} (a_n \cos(nx) + b_n \sin(nx))$$

mit den Fourierkoeffizienten

$$a_n = \frac{1}{l} \int_{-l}^{l} f(x) \cos\left(n\frac{\pi}{l}x\right) \mathrm{d}x\,, \quad n \geq 0\,,$$

und

$$b_n = \frac{1}{l} \int_{-l}^{l} f(x) \sin\left(n\frac{\pi}{l}x\right) \mathrm{d}x\,, \quad n \geq 1\,,$$

für alle $x \in \mathbb{R}$ und es gilt

$$s_f(x) = \frac{1}{2}\left(\lim_{\xi \to x+} f(\xi) + \lim_{\xi \to x^-} f(\xi)\right).$$

Bemerkung: Im Falle einer geraden Funktion f, ($f(-x) = f(x)$), verschwinden die Sinus-Anteile und man entwickelt f in eine Cosinus-Reihe

$$f(x) = \frac{a_0}{2} + \sum_{n=1}^{\infty} a_n \cos\left(n\frac{\pi}{l}x\right)$$

mit

$$a_n = \frac{2}{l} \int_{0}^{l} f(x) \cos\left(n\frac{\pi}{l}x\right) \mathrm{d}x\,, \quad n \geq 0\,.$$

Im Falle einer ungeraden Funktion f, ($f(-x) = -f(x)$), verschwinden die Cosinus-Anteile und man entwickelt f in eine Sinus-Reihe

$$f(x) = \sum_{n=1}^{\infty} b_n \sin\left(n\frac{\pi}{l}x\right)$$

mit

$$b_n = \frac{2}{l} \int_{0}^{l} f(x) \sin\left(n\frac{\pi}{l}x\right) \mathrm{d}x\,, \quad n \geq 1\,.$$

Mit *Mathematica* kann man Fourierreihen berechnen, indem man das Paket `Calculus'FourierTransform'` lädt und `FourierTrigSeries` verwendet:

```
<<Calculus'FourierTransform'
FourierTrigSeries[f[x],{x,-l,l},m]
```

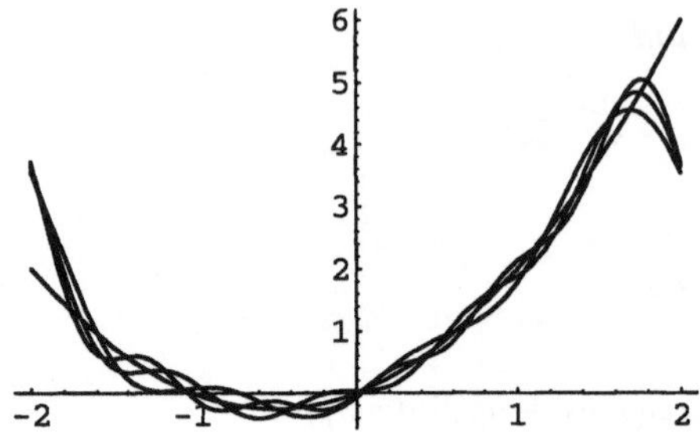

Bild 6.4
3.,4. und 5. Teilsumme der Fourierreihe von $f(x) = x^2 + x$

Beispiel:

$$f : [-2, 2] \longrightarrow \mathbb{R},$$
$$f(x) = x^2 + x\,.$$

```
In[1]:= <<Calculus`FourierTransform`;
        sf= FourierTrigSeries[x^2+x,{x,-2,2},3]
Out[2]= (2*(6*Pi^2 - 72*Cos[(Pi*x)/2] + 18*Cos[Pi*x]
          - 8*Cos[(3*Pi*x)/2]
          + 18*Pi*Sin[(Pi*x)/2] - 9*Pi*Sin[Pi*x]
          + 6*Pi*Sin[(3*Pi*x)/2]))/(9*Pi^2)
```

Wenn die zu entwickelnde Funktion auf mehreren Teilintervallen des Periodenintervalls durch unterschiedliche Funktionsvorschriften erklärt wird, muß man sich die Fourierreihe selbst programmieren.
Beispiel:

$$f : [-\pi, \pi] \longrightarrow \mathbb{R},$$
$$f(x) = |x|\,.$$

```
In[1]:= a[n_]:=(2/Pi) Integrate[x Cos[n x],{x,0,Pi}]
In[2]:= sf[x_,m_]:=(a[0]/2)+Sum[a[n] Cos[n x],{n,1,m}]
In[3]:= Expand[sf[x,5]]
Out[3]= Pi/2 - (4*Cos[x])/Pi - (4*Cos[3*x])/(9*Pi)
        - (4*Cos[5*x])/(25*Pi)
```

Bei der Anwendung der Fourierreihen auf Differentialgleichungen sind die folgenden Sätze über die Fourierreihe der Ableitung und die gleichmäßige Konvergenz der Fourierreihe nützlich, die wir wieder aus [4], S.45-51, übernehmen wollen.

Satz 6.3 *Sei f eine $2l$-periodische Funktion und*

$$f : [-l, l] \longrightarrow \mathbb{R}$$

zweimal differenzierbar.

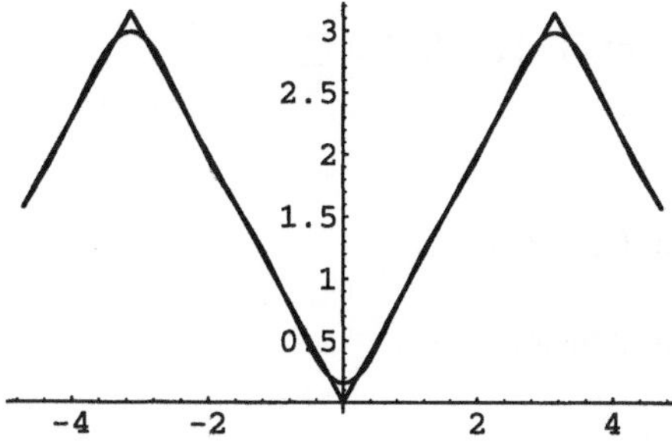

Bild 6.5
3-te Teilsumme der Fouriereihe von $f(x) = |x|$

Sei

$$s_f(x) = \frac{a_0}{2} + \sum_{n=1}^{\infty} (a_n \cos(nx) + b_n \sin(nx))$$

die zu f gehörige Fourierreihe.
Dann besitzt die Funktion f' die Fourierreihe

$$s_{f'}(x) = \sum_{n=1}^{\infty} (nb_n \cos(nx) - na_n \sin(nx))$$

und diese Reihe konvergiert (punktweise) gegen $f'(x)$ für alle $x \in (-l, l)$.

Satz 6.4 *Sei f eine $2l$-periodische Funktion und*

$$f : [-l, l] \longrightarrow \mathbb{R}$$

zweimal stetig differenzierbar.
Dann konvergiert die zu f gehorige Fourierreihe

$$s_f(x) = \frac{a_0}{2} + \sum_{n=1}^{\infty} (a_n \cos(nx) + b_n \sin(nx))$$

gleichmäßig auf $\mathbb{R}$ gegen f.
Insbesondere gilt, daß die Reihen

$$\sum_{n=1}^{\infty} a_n \quad \textit{und} \quad \sum_{n=1}^{\infty} b_n$$

absolut konvergieren.

6.3.2 Die Wellengleichung

Wir betrachten erneut die eindimensionale Wellengleichung (6.3) in einem Streifen $\{(x, t) | 0 \leq x \leq l, \quad t \geq 0\}$ mit den Anfangsbedingungen

$$u(x,0) = \bar{u}(x)\,, \quad \frac{\partial u}{\partial t}|_{(x,0)} = \bar{q}(x)\,, \quad 0 \leq x \leq l$$

und den Randbedingungen

$$u(0,t) = u(l,t) = 0\,, \quad t \geq 0\,.$$

Wir machen folgenden Separations-oder Produktansatz:

$$u(x,t) = v(x)w(t)\,.$$

Einsetzen in die Wellengleichung ergibt

$$v(x)\left(\frac{\mathrm{d}^2}{\mathrm{d}t^2}w(t)\right) = c^2\left(\frac{\mathrm{d}^2}{\mathrm{d}x^2}v(x)\right)w(t)\,.$$

Offenbar wird diese Gleichung erfullt, wenn $v(x)$ Lösung von

$$\frac{\mathrm{d}^2 v}{\mathrm{d}x^2} - kv = 0$$

und $w(t)$ Lösung von

$$\frac{\mathrm{d}^2 w}{\mathrm{d}t^2} - c^2 kw = 0$$

(mit einer beliebigen, aber festen Konstante k) ist.
Welche Konsequenz ergibt sich aus den Randbedingungen?
Gemäß

$$u(0,t) = v(0)w(t) = 0\,, \quad \text{für alle} \quad t \geq 0\,,$$

und

$$u(l,t) = v(l)w(t) = 0\,, \quad \text{für alle} \quad t \geq 0\,,$$

müssen wir

$$v(0) = v(l) = 0$$

verlangen. Wenn wir jetzt

$$k = k_n = -\left(\frac{n\pi}{l}\right)^2\,, \quad n \in \mathbb{N}$$

festlegen, lautet eine Lösung $v(x) = v_n(x)$, die die Randbedingungen erfüllt

$$v_n(x) = \sin\left(\frac{n\pi}{l}x\right)\,.$$

(Man könnte weitere Lösungen bekommen, indem man v_n mit einer Konstanten multipliziert).
Mit $k = k_n$ lautet die Gleichung für w nun

$$\frac{\mathrm{d}^2}{\mathrm{d}t^2}w + \left(c\frac{n\pi}{l}\right)^2 w = 0$$

und ihre allgemeine Lösung stellt sich wie folgt dar

$$w_n(t) = \gamma_n \cos\left(c\frac{n\pi}{l}t\right) + \delta_n \sin\left(c\frac{n\pi}{l}t\right) .$$

Bilden wir mit v_n und w_n Produkte, so erhalten wir eine Folge von Lösungen

$$u_n(x,t) = \sin\left(\frac{n\pi}{l}x\right)\left(\gamma_n \cos\left(c\frac{n\pi}{l}t\right) + \delta_n \sin\left(c\frac{n\pi}{l}t\right)\right)$$

der Wellengleichung nebst Randbedingungen zu den Anfangsbedingungen

$$u_n(x,0) = \gamma_n \sin\left(\frac{n\pi}{l}x\right) , \quad \frac{\partial}{\partial t}u_n(x,0) = \delta_n c\frac{n\pi}{l}\sin\left(\frac{n\pi}{l}x\right) .$$

Man nennt diese Lösungen Eigenschwingungen.

Setzen wir nun die Anfangsfunktionen ungerade auf $-l \leq x \leq 0$ fort und entwickeln sie anschließend in Fourierreihen

$$\bar{u}(x) = \sum_{n=1}^{\infty} \gamma_n \sin\left(n\frac{\pi}{l}x\right) , \quad \gamma_n = \frac{2}{l}\int_0^l \bar{u}(x)\sin\left(n\frac{\pi}{l}x\right) \mathrm{dx} , \quad \mathrm{n} \geq 1 ,$$

und

$$\bar{q}(x) = \sum_{n=1}^{\infty} \bar{\delta}_n \sin\left(n\frac{\pi}{l}x\right) , \quad \bar{\delta}_n = \frac{2}{l}\int_0^l \bar{q}(x)\sin\left(n\frac{\pi}{l}x\right) \mathrm{dx} , \quad \mathrm{n} \geq 1 .$$

dann erkennt man, daß sich eine formale Lösung des Anfangsrandwertproblems durch Superponieren von Eigenschwingungen

$$u(x,t) = \sum_{n=1}^{\infty} \sin\left(\frac{n\pi}{l}x\right)\left(\gamma_n \cos\left(c\frac{n\pi}{l}t\right) + \delta_n \sin\left(c\frac{n\pi}{l}t\right)\right)$$

mit

$$\delta_n = \frac{l}{cn\pi}\bar{\delta}_n ,$$

ergibt.

Es bleibt die Frage nach der Konvergenz der Reihe und ihren Differenzierbarkeitseigenschaften.

Wenn man $\bar{u}$ und $\bar{q}$ durch ungerade Fortsetzung vom Intervall $[0, l]$ auf ganz $\mathbb{R}$ erstreckt, entsteht eine zweimal stetig differenzierbare Funktion $\bar{u}$ und eine stetig differenzierbare Funktion $\bar{q}$.

Wenn wir weiter voraussetzen, daß auf dem Intervall $[-l, l]$ die Funktion $\bar{u}$ viermal stetig differenzierbar und Funktion $\bar{q}$ dreimal stetig differenzierbar ist, so können wir die Sätze 6.3 und 6.4 zu Hilfe nehmen. Es folgt, daß die durch Superposition entstandene Reihe gleichmäßig konvergiert und stetige erste und zweite partielle Ableitungen besitzt, die man gliedweise berechnen darf. (Die durch gliedweises Ableiten entstehenden Reihen konvergieren ebenfalls gleichmäßig). Tatsachlich stellt die Reihe dann die Lösung des Anfangsrandwertproblems dar.

Beispiel:

$$\frac{\partial^2 u}{\partial t^2} = \frac{\partial^2 u}{\partial x^2},$$
$$0 \le x \le 1, \quad t \ge 0$$

mit den Anfangsbedingungen

$$u(x,0) = \bar{u}(x) = x^2 \sin(\pi x), \quad \frac{\partial u}{\partial t}|_{(x,0)} = \bar{q}(x) = x\left(1 - \frac{x}{\pi}\right)$$

und den Randbedingungen

$$u(0,t) = u(1,t) = 0.$$

Ermitteln der Entwicklungskoeffizienten γ_n und δ_n:

```
In[1]:=
uq[x_]:= x^2 Sin[Pi x];
qq[x_]:= x (1-x/Pi);
gamma[n_]:= 2 Integrate[uq[x] Sin[n Pi x],{x,0,1}];
deltaq[n_]:= 2 Integrate[qq[x] Sin[n Pi x],{x,0,1}];
delta[n_]:= (1/(n Pi)) deltaq[n];
```

Aufstellung der m-ten Teilsumme:

```
In[6]:=
u[x_,t_,m_]:=Sum[Sin[n Pi x] (gamma[n] Cos[n Pi t]
                +delta[n] Sin[n Pi t]),{n,1,m}]
```

Ausgabe der m-ten Teilsumme:
(Zum Beispiel $m = 3$)

```
In[7]:= u[x,t,3]
Out[7]=
Sin[Pi*x]*(((-6*Pi + 4*Pi^3)*Cos[Pi*t])/(12*Pi^3) +
(2*(2/Pi^4 + (2 - Pi^2 + Pi^3)/Pi^4)*Sin[Pi*t])/Pi) +
Sin[2*Pi*x]*((-16*Cos[2*Pi*t])/(9*Pi^2) +
((1/(4*Pi^4) + (-1 + 2*Pi^2 - 2*Pi^3)/(4*Pi^4))
*Sin[2*Pi*t])/Pi) +
Sin[3*Pi*x]*((3*Cos[3*Pi*t])/(8*Pi^2) +
(2*(2/(27*Pi^4) + (2 - 9*Pi^2 + 9*Pi^3)/(27*Pi^4))
*Sin[3*Pi*t])/(3*Pi))
```

6.3.3 Die Wärmeleitungsgleichung

Wir betrachten die Wärmeleitungsgleichung

$$\frac{\partial u}{\partial t} = c^2 \frac{\partial^2 u}{\partial x^2}, \quad c \in \mathbb{R}, c > 0 \tag{6.5}$$

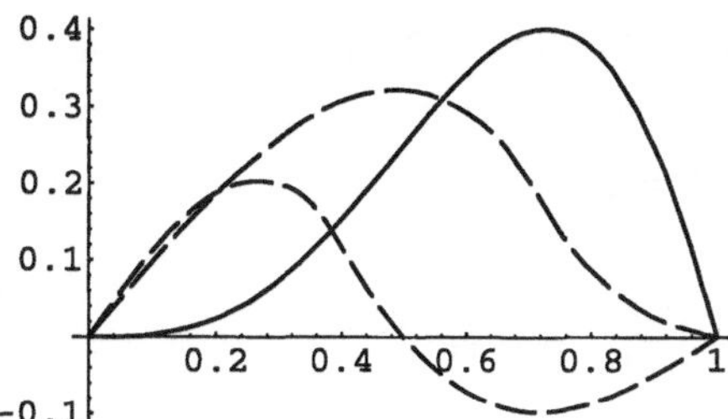

Bild 6.6
15-te Teilsumme der Lösung von $\frac{\partial^2 u}{\partial t^2} = \frac{\partial^2 u}{\partial x^2}$, $u(x,0) = \bar{u}(x) = x^2 \sin(\pi x)$, $\frac{\partial u}{\partial t}|_{(x,0)} = \bar{q}(x) = x\left(1 - \frac{x}{\pi}\right)$, $u(0,t) = u(1,t) = 0$, zu verschiedenen Zeiten.

in einem Streifen $\{(x,t)|\ 0 \leq x \leq l\,, \quad t \geq 0\}$ mit der Anfangsbedingung

$$u(x,0) = \bar{u}(x)$$

und den Randbedingungen

$$u(0,t) = u(l,t) = 0\,, \quad t \geq 0\,.$$

Dieses Anfangsrandwertproblem modelliert die Temperaturverteilung in einem Stab der Länge l.
Wenn die Funktion $\bar{u}$ stetig ist, kann man zeigen, daß das Anfangswertproblem höchstens eine Lösung besitzt, die im Inneren des Streifens der Wärmeleitungsgleichung genügt, auf dem ganzen Streifen stetig ist und die Randbedingungen erfüllt.
Wir werden im folgenden eine formale Lösung entwickeln, deren Konvergenzverhalten man analog zur Wellengleichung diskutieren kann.

Wir machen den Separations-oder Produktansatz:

$$u(x,t) = v(x)w(t)\,.$$

Einsetzen in die Wärmeleitungsgleichung (6.5) ergibt

$$v(x)\left(\frac{\mathrm{d}}{\mathrm{d}t}w(t)\right) = c^2\left(\frac{\mathrm{d}^2}{\mathrm{d}x^2}v(x)\right)w(t)\,.$$

Diese Gleichung können wir erfullen, wenn $v(x)$ Lösung von

$$\frac{\mathrm{d}^2 v}{\mathrm{d}x^2} - kv = 0$$

und $w(t)$ Lösung von

$$\frac{\mathrm{d}w}{\mathrm{d}t} - c^2 kw = 0$$

(mit einer beliebigen, aber festen Konstante k) ist.
Aus den Randbedingungen

$$u(0,t) = v(0)w(t) = 0\,, \quad \text{für alle} \quad t \geq 0\,,$$

und

$$u(l,t) = v(l)w(t) = 0\,, \quad \text{für alle} \quad t \geq 0\,,$$

folgt

$$v(0) = v(l) = 0\,.$$

Wenn wir wieder

$$k = k_n = -\left(\frac{n\pi}{l}\right)^2\,, \quad n \in \mathbb{N}$$

festlegen, lautet eine Losung $v(x) = v_n(x)$, die die Randbedingungen erfüllt

$$v_n(x) = \sin\left(\frac{n\pi}{l}x\right)\,.$$

Mit $k = k_n$ lautet die Gleichung für w nun

$$\frac{\mathrm{d}}{\mathrm{d}t}w + \left(c\frac{n\pi}{l}\right)^2 w = 0$$

und ihre allgemeine Lösung ist

$$w_n(t) = \gamma_n e^{-c\frac{n\pi}{l}t}\,.$$

Die Produkte aus v_n und w_n liefern wieder eine Folge von Lösungen

$$u_n(x,t) = \gamma_n \sin\left(\frac{n\pi}{l}x\right) e^{-c\frac{n\pi}{l}t}$$

der Wärmeleitungsgleichung, welche sowohl die Randbedingungen als auch die Anfangsbedingungen

$$u_n(x,0) = \gamma_n \sin\left(\frac{n\pi}{l}x\right)$$

erfüllen. Setzen wir die Anfangsfunktionen ungerade auf $-l \leq x < 0$ fort und entwickeln sie anschließend in eine Fourierreihe

$$\bar{u}(x) = \sum_{n=1}^{\infty} \gamma_n \sin\left(n\frac{\pi}{l}x\right)\,, \quad \gamma_n = \frac{2}{l}\int_0^l \bar{u}(x)\sin\left(n\frac{\pi}{l}x\right)\mathrm{d}x\,, \quad n \geq 1\,,$$

dann sieht man, daß sich eine formale Lösung des Anfangsrandwertproblems für (6.5) durch Superponieren

$$u(x,t) = \sum_{n=1}^{\infty} \gamma_n \sin\left(\frac{n\pi}{l}x\right) e^{-c\frac{n\pi}{l}t}$$

ergibt.

Beispiel:

$$\frac{\partial u}{\partial t} = \frac{\partial^2 u}{\partial x^2}\,,$$

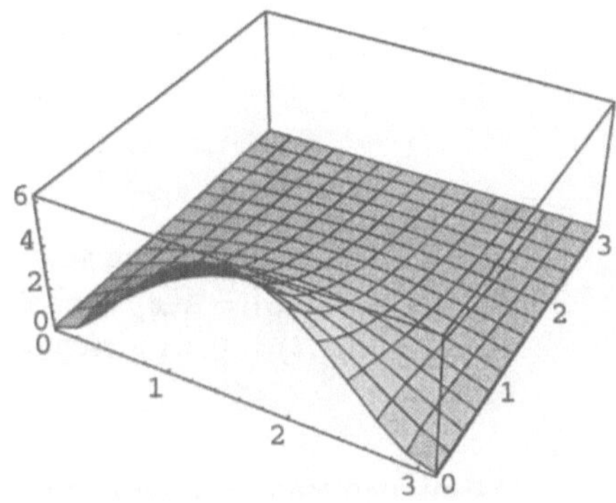

Bild 6.7
15-te Teilsumme der Lösung von $\frac{\partial^2 u}{\partial x^2} + \frac{\partial^2 u}{\partial y^2} = 0\,, u(x,0) = \bar{u}_0(x) = x^2(\pi - x)^2\,, u(x,\pi) = \bar{u}_\pi(x) = 0.$

$$0 \leq x \leq \pi\,, \quad t \geq 0$$

mit der Anfangsbedingung

$$u(x,0) = \bar{u}(x) = x^2 \sin(x)$$

und den Randbedingungen

$$u(0,t) = u(\pi,t) = 0\,.$$

Ermitteln der Entwicklungskoeffizienten γ_n:

```
In[1]:=
uq[x_]:=x^2 Sin[x];
gamma[n_]:=(2/Pi) Integrate[uq[x] Sin[n x],{x,0,Pi}];
```

Aufstellung der m-ten Teilsumme:

```
In[3]:=
u[x_,t_,m_]:=Sum[gamma[n] Sin[n x] Exp[-n t],{n,1,m}]
```

Ausgabe der m-ten Teilsumme:
(Zum Beispiel $m = 3$)

```
In[4]:= u[x,t,3]
Out[4]=
((-6*Pi + 4*Pi^3)*Sin[x])/(12*E^t*Pi) -
  (16*Sin[2*x])/(9*E^(2*t)) +
  (3*Sin[3*x])/(8*E^(3*t))
```

6.3.4 Die Potentialgleichung

Wir betrachten die Potentialgleichung

$$\frac{\partial^2 u}{\partial x^2} + \frac{\partial^2 u}{\partial y^2} = 0\,, \tag{6.6}$$

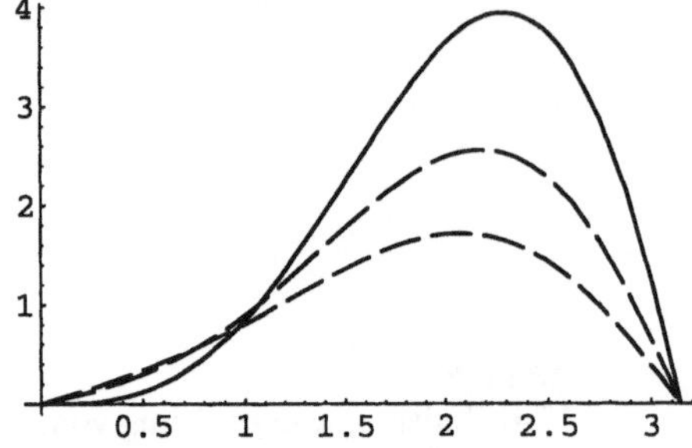

Bild 6.8
15-te Teilsumme der Losung von $\frac{\partial u}{\partial t} = \frac{\partial^2 u}{\partial x^2}$, $u(x,0) = \bar{u}(x) = x^2 \sin(x)$, $u(0,t) = u(\pi,t) = 0$, zu verschiedenen Zeiten.

in einem Rechteck $\{(x,y)|\ 0 \le x \le \alpha\,, \quad 0 \le y \le \beta\}$ mit den Randbedingungen

$$u(x,0) = \bar{u}_0(x)\,, \quad u(x,\beta) = \bar{u}_\beta(x)\,,$$

$$\bar{u}_0(0) = \bar{u}_0(\alpha) = 0\,, \quad \bar{u}_\beta(0) = \bar{u}_\beta(\alpha) = 0\,,$$

und

$$u(0,y) = u(\alpha,y) = 0\,.$$

Die Potentialgleichung dient in den Anwendungen zur Modellierung von quellen- und wirbelfreien Strömungen.

Das obige Randwertproblem ist ein sogenanntes Dirichlet-Problem. Man sucht ein Potential, das auf einem Gebiet mitsamt seinem Rand stetig ist, im Innern des Gebiets die Potentialgleichung erfullt und auf dem Rand vorgeschriebene Werte annimmt.

Man kann zeigen, daß das Randwertproblem für (6.6) unter der Voraussetzung der Stetigkeit der Funktionen $\bar{u}_0$ und $\bar{u}_\beta$ hochstens eine Lösung besitzt. Wir entwickeln wieder eine formale Losung.

Wir machen folgenden Separations-oder Produktansatz:

$$u(x,t) = v(x)w(t)\,.$$

Einsetzen in die Potentialgleichung ergibt

$$v(x)\left(\frac{\mathrm{d}^2}{\mathrm{d}t^2}w(t)\right) + \left(\frac{\mathrm{d}^2}{\mathrm{d}x^2}v(x)\right)w(t) = 0\,.$$

Offenbar wird diese Gleichung erfüllt, wenn $v(x)$ Lösung von

$$\frac{\mathrm{d}^2 v}{\mathrm{d}x^2} - kv = 0$$

und $w(t)$ Losung von

$$\frac{\mathrm{d}^2 w}{\mathrm{d}t^2} + kw = 0$$

(mit einer beliebigen, aber festen Konstante k) ist.

Wir versuchen nun die Randbedingungen zu erfüllen. Mit

$$u(0,y) = v(0)w(y) = 0\,, \quad \text{für alle} \quad 0 \le y \le \beta\,,$$

und

$$u(\alpha,y) = v(\alpha)w(y) = 0\,, \quad \text{für alle} \quad 0 \le y \le \beta\,,$$

müssen wir wie bei der Wellengleichung

$$v(0) = v(\alpha) = 0$$

verlangen. Wenn wir wieder

$$k = k_n = -\left(\frac{n\pi}{\alpha}\right)^2\,, \quad n \in \mathbb{N}$$

festlegen, lautet eine Lösung $v(x) = v_n(x)$, die die Randbedingungen erfüllt

$$v_n(x) = \sin\left(\frac{n\pi}{\alpha}x\right)\,.$$

Mit $k = k_n$ lautet die Gleichung für w nun

$$\frac{\mathrm{d}^2}{\mathrm{d}y^2}w - \left(\frac{n\pi}{\alpha}\right)^2 w = 0\,,$$

und wir haben die Fundamentallösungen

$$e^{\frac{n\pi}{\alpha}y} \quad \text{und} \quad e^{-\frac{n\pi}{\alpha}y}\,.$$

Die allgemeine Lösung stellen wir aus technischen Gründen wie folgt dar

$$w_n(y) = \gamma_n \cosh\left(\frac{n\pi}{\alpha}y\right) + \delta_n \sinh\left(\frac{n\pi}{\alpha}y\right)\,.$$

Bilden wir mit v_n und w_n Produkte, so erhalten wir eine Folge von Lösungen

$$u_n(x,y) = \sin\left(\frac{n\pi}{\alpha}x\right)\left(\gamma_n \cosh\left(\frac{n\pi}{\alpha}y\right) + \delta_n \sinh\left(\frac{n\pi}{\alpha}y\right)\right)$$

der Potentialgleichung (6.6). Jede dieser Losungen erfüllt die Randbedingungen

$$u_n(0,y) = u_n(\alpha,y) = 0\,.$$

Setzen wir nun die Funktionen $\bar{u}_0$ und $\bar{u}_\beta$ ungerade auf $-\alpha \le x \le 0$ fort und entwickeln sie anschließend in Fourierreihen

$$\bar{u}_0(x) = \sum_{n=1}^{\infty} \gamma_n \sin\left(n\frac{\pi}{\alpha}x\right)\,, \quad \gamma_n = \frac{2}{\alpha}\int_0^\alpha \bar{u}(x)\sin\left(n\frac{\pi}{\alpha}x\right)\,\mathrm{d}x\,, \quad n \ge 1\,,$$

und

$$\bar{u}_\beta(x) = \sum_{n=1}^{\infty} \bar{\delta}_n \sin\left(n\frac{\pi}{\alpha}x\right), \quad \bar{\delta}_n = \frac{2}{\alpha}\int_0^\alpha \bar{q}(x)\sin\left(n\frac{\pi}{\alpha}x\right)\,\mathrm{d}x, \quad n \geq 1,$$

dann sieht man, daß sich eine formale Lösung des Randwertproblems für (6.6) durch die Reihe

$$u(x,y) = \sum_{n=0}^{\infty} \sin\left(\frac{n\pi}{\alpha}x\right)\left(\gamma_n \cosh\left(\frac{n\pi}{\alpha}y\right) + \delta_n \sinh\left(\frac{n\pi}{\alpha}y\right)\right),$$

mit

$$\delta_n = \frac{1}{\sinh\left(\frac{n\pi\beta}{\alpha}\right)}\left(\bar{\delta}_n - \gamma_n \cosh\left(\frac{n\pi\beta}{\alpha}\right)\right)$$

ergibt.

Beispiel:

$$\frac{\partial^2 u}{\partial x^2} + \frac{\partial^2 u}{\partial y^2} = 0,$$

$$0 \leq x \leq \pi, \quad 0 \leq y \leq \pi$$

mit den Randbedingungen

$$u(x,0) = \bar{u}_0(x) = x^2(\pi - x)^2, \quad u(x,\pi) = \bar{u}_\pi(x) = 0,$$

und

$$u(0,y) = u(\pi,y) = 0.$$

Ermitteln der Entwicklungskoeffizienten γ_n und δ_n:

```
In[1]:=
u0q[x_]:=x^2 (Pi-x)^2;
gamma[n_]:=(2/Pi) Integrate[u0q[x] Sin[n x],{x,0,Pi}];
delta[n_]:=-gamma[n] Cosh[n Pi]/Sinh[n Pi];
```

Aufstellung der m-ten Teilsumme:

```
In[4]:=
u[x_,y_,m_]:=Sum[Sin[n x] (gamma[n] Cosh[n y]+
                 delta[n] Sinh[n y]),{n,1,m}]
```

Ausgabe der m-ten Teilsumme:
(Zum Beispiel $m = 3$)

```
In[5]:= u[x,y,3]
Out[5]=
Sin[x]*((2*(48 - 4*Pi^2)*Cosh[y])/Pi -
     (2*(48 - 4*Pi^2)*Coth[Pi]*Sinh[y])/Pi) +
Sin[3*x]*((-4*(-8 + 6*Pi^2)*Cosh[3*y])/(81*Pi) +
   (4*(-8 + 6*Pi^2)*Coth[3*Pi]*Sinh[3*y])/(81*Pi))
```

Literaturverzeichnis

[1] Klemens Burg, Herbert Haf, Friedrich Wille: Höhere Mathematik für Ingenieure, Bd. I-V, B. G. Teubner, 1993.

[2] Kurt Meyberg, Peter Vachenauer: Höhere Mathematik, Bd. I u. II, Springer 1990.

[3] Kurt Endl, Wolfgang Luh: Analysis III, Eine integrierte Darstellung, Akademische Verlagsgesellschaft 1974.

[4] Donald Greenspan: Introduction to Partial Differential Equations, McGraw-Hill 1961.

[5] R. J. Gribbon: Elementary Partial Differential Equations, Van Nostrand Reinhold 1961.

[6] Fritz John: Partial Differential Equations, Springer 1978.

[7] Erich Kamke: Differentialgleichungen, Lösungsmethoden und Lösungen Bd. I u. II, Akademische Verlagsgesellschaft 1962.

[8] H. W. Knobloch, F. Kappel: Gewohnliche Differentialgleichungen, B. G. Teubner, 1974.

[9] Wolfgang Walter: Gewöhnliche Differentialgleichungen, Springer 1972.

[10] Stephen Wolfram: *Mathematica*-Ein System für Mathematik auf dem Computer, Addison-Wesley 1992.

[11] *Mathematica*-Technical Report: Guide to Standard *Mathematica* Packages, Version 2.2, Wolfram Research 1993.

[12] M.L. Abell, J.P. Braselton: *Mathematica* by Example. Academic Press 1992.

[13] Elkedagmar Heinrich, H. D. Janetzko: Das *Mathematica*-Arbeitsbuch. Vieweg 1992.

[14] Stephan Kaufmann: *Mathematica* als Werkzeug. Birkhäuser 1992.

[15] Michael Kofler: *Mathematica*, Einführung und Leitfaden fur den Praktiker. Addison-Wesley 1992.

[16] Ralf Schaper: Grafik mit *Mathematica*, Von den Formeln zu den Formen. Addison-Wesley 1994.

[17] M.L. Abell, J.P. Braselton: Differential Equations with *Mathematica*, Academic Press 1993.

[18] D. D. Vvedensky: Partial Differential Equations with *Mathematica*, Addison-Wesley 1993.

Sachwortverzeichnis

Mathematica griffbereit

von Nancy Blachman

Aus dem Amerikanischen übersetzt von Carsten Herrmann und Uwe Krieg.

1993 VI, 312 Seiten Kartoniert.
ISBN 3-528-06524-9

Mathematica ist momentan das wichtigste Programmpaket, um mathematische Berechnungen exakt (und nicht numerisch) auf einem Computer auszuführen Das Buch bietet eine vollständige Beschreibung aller Befehle und Datentypen, sowohl nach Funktionsgruppen als auch alphabetisch geordnet

Über den Autor. Nancy Blachmann war am Entwurf des Mathematica-Systems beteiligt. Von ihr stammt das Help-System in Mathematica.

Das Mathematica Arbeitsbuch

von Elkedagmar Heinrich und Hans-Dieter Janetzko

1994 X, 259 Seiten mit 63 Abbildungen und 49 Übungsaufgaben. Kartoniert
ISBN 3-528-06528-1

Nachdem Computeralgebra-Pakete wie Mathematica immer mehr Verbreitung finden, entsteht oft die Frage, welche mathematischen Probleme damit überhaupt angegangen werden können. Dieses Buch beschreibt die Mathematik, wie sie Studierende an Fachhochschulen oder Universitäten brauchen, an vielen Beispielen mit Hilfe von Mathematica Damit lernt der Leser Mathematica nicht als Selbstzweck, sondern als Werkzeug zum Lösen seiner mathematischen Probleme kennen.

Über die Autoren· Prof. Dr Elkedagmar Heinrich und Dipl.-Math. Hans-Dieter Janetzko lehren beide an der Fachhochschule Konstanz.

Verlag Vieweg · Postfach 58 29 · 65048 Wiesbaden